KB042911

하루10분
엄마표
영어공부

세상에서 가장 즐겁게 놀면서 배우는
하루 10분 엄마표 영어공부

초 판 1쇄 2020년 04월 14일

지은이 채수현
펴낸이 류종렬

펴낸곳 미다스북스
총괄실장 명상완
책임편집 이다경
책임진행 박새연 김가영 신은서
본문교정 최은혜 강윤희 정은희 정필례

등록 2001년 3월 21일 제2001-000040호
주소 서울시 마포구 양화로 133 서교타워 711호
전화 02) 322-7802~3
팩스 02) 6007-1845
블로그 http://blog.naver.com/midasbooks
전자주소 midasbooks@hanmail.net
페이스북 https://www.facebook.com/midasbooks425

ISBN 978-89-6637-783-1 03590

값 15,000원

미다스북스는 다음세대에게 필요한 지혜와 교양을 생각합니다.

세상에서 가장 즐겁게 놀면서 배우는

하루10분
엄마표
영어공부

채수현 지음

미다스북스

엄마표 영어 누구나 할 수 있을까?

평범한 엄마가 아이에게 영어를 가르칠 때 드는 생각은 거의 비슷하다. 과연 내가 우리 아이를 잘 가르칠 수 있을까 하는 것이다. 한편으로는 '남들도 다 가르치는데 나라고 못 할 것도 없지.'라고 생각할 수도 있다. 그렇게 생각하면 할 수 있다. 또 아이에게 큰 기대를 하지 않고 즐거운 마음으로 하다 보면 엄마도 아이도 즐기면서 할 수 있다.

나는 돌도 지나지 않은 아이에게 영어 그림책을 읽어주고 영어 노래를 틀어주었다. CD플레이어를 방바닥에 놓고 틀어주었더니 자꾸 손으로 만지작거렸다. 아이는 결국 CD플레이어를 고장 내고 말았다. 동그랗게 생긴 기계에서 노래가 나오고 불빛이 보이니 관심이 가는 것은 당연했다. 아이는 날마다 노래와 이야기가 나오는 기계를 열었다가 닫았다가 밀다가 잡아당긴 것이다. CD플레이어를 박살 낸 것은 아니었지만 작은 손으로 조용히 고장 냈다. 호기심이 만들어낸 일이라 어떻게 할 수도 없었다.

    나도 아이가 어릴 때 영어를 잘하기를 바라는 마음이 있었다. 하지만 영어에 집착하지는 않았다. 아이가 호기심을 갖기만을, 거부감을 느끼지 않기만 바랐다. 영어책을 읽어야 하거나 정해진 양의 학습을 하는 규칙도 정하지 않았다. 자연스럽게 노출은 해주되 아이가 즐기도록 해주고 싶었기 때문이다. 보통 우리가 라디오를 들을 때 진지하게 듣지 않는 것처럼 말이다. 라디오를 듣는다 생각하고 편하게 접하도록 했다.

    내가 가르쳤던 유아들 역시 영어를 공부로 하는 것은 싫어하고 놀이로 하는 영어를 좋아했다. 너무나 당연한 이야기이지만 어린 유아들도 공부보다는 노는 것을 좋아했다. 수업 시간에 워크북을 하는 날은 색연필을 잡고 정해진 답을 찾아서 쓰고 해결해야 했다. 하지만 게임을 하고 놀이를 하는 날은 얼굴이 싱글벙글했다. 눈빛도 더 반짝였다. 날마다 이렇게 싱글벙글한 얼굴로 공부하면 얼마나 좋을까 하고 생각했다.

    엄마가 부담을 갖고 영어를 가르친다면 분명 강요할 확률이 높을 것이다. 그냥 즐거운 마음으로 책을 읽고 놀아주자. 쉽고 재미있는 책을 읽다 보면 엄마도 아이도 재미있는 시간을 보낼 수 있다. 엄마는 미용실에서 잡지책을 읽는다고 생각하며 동화책을 읽어주면 마음이 편할 것이다.

엄마가 영어를 잘해서 아이를 가르치는 엄마가 있고, 반대로 엄마가 영어를 못하는데도 아이를 가르치는 엄마가 있다. 아이에게 영어를 가르칠 수 있는 엄마가 따로 정해진 것은 아니다. 엄마표 영어는 누구나 할 수 있다. 아이가 있는 엄마는 누구나 할 수 있다. 다만 아이에게 어떠한 결과를 기대하지 않고 해야 한다. 아이는 아직 초등학교도 입학하지 않았기 때문이다. 유아와 초등학생은 다르다.

나는 엄마들에게 유아기 시기의 아이들과 즐겁게 영어 공부를 하라고 말하고 싶다. 즐거운 공부는 결과가 아니라 공부하는 그 순간을 즐기는 것이다. 나는 이 책에서 아이들과 즐겁게 영어 놀이 수업했던 이야기들을 담았다. 아마도 재미있었던 기억이 더 많이 떠올랐던 것 같다. 지금 당장 영어 문장 몇 개를 아는 게 중요한 것이 아니다. 또 단어를 몇 개 더 외우고 있느냐도 중요하지 않다. 아이들에게 중요한 것은 그것이 아니다. 아이들은 즐겁게 놀았던 기억을 더 많이 떠올릴 것이기 때문이다.

나는 엄마표 영어를 응원하는 사람 중의 한 사람이다. 우리 아이들은 금방 자라고 이 시간은 다시 돌아오지 않는다. 어릴 때 우리 아이의 사진을 보면서 '이렇게 귀엽고 예쁜 시절이 있었지.' 하며 미소 지어질 때가 있다. 엄마가 얼마나 영어를 잘 가르쳐주었는지 아이들은 평가하지 않는다. 다만 나와 즐겁게 놀아주었던, 세상에서 가장 좋은 엄마로만 기억할 것이다.

이제 엄마표 유아 영어를 시작하려는 엄마들에게 말하고 싶다. 너무 엄격한 영어 공부 말고 즐거운 영어 놀이를 많이 하라고 말하고 싶다. 아직 계획표를 짜지 않았다면 계획표를 수정하기를 바란다. 가능하다면…. 너무 숨 막히는 계획표 말고 엉성하고 느슨한 계획표 말이다. 하루쯤 건너뛰어도 좋다. 영어 공부를 하루 건너뛴다고 큰일 나지 않는다.

엄마와 아이가 집에서 흔한 재료로 놀 수 있는 방법들을 이 책에 담아 놓았다. 한 번쯤 아이와 함께 집에서 즐거운 영어 놀이를 해보길 바란다. 아이와 즐거운 영어 공부를 하는 엄마들이 많이 생겼으면 좋겠다. 하나씩 하다 보면 엄마도 아이도 성장하고 있는 모습을 보게 될 것이다.

이 책이 나올 수 있도록 도와주신 〈한국책쓰기1인창업코칭협회〉의 대표 김도사님과 〈위닝북스〉의 권동희 대표님께도 감사드린다. 그리고 나의 꿈을 응원하고 지지해준 남편과 아들에게도 감사의 마음을 보낸다.

2020년 3월 채수현

목차

4장 하루 10분 읽어주고, 보여주고, 들려주기

5장 가르치는 영어가 아닌 함께 노는 영어를 하라

1장

내 아이 영어,
어떻게
시작해야 할까?

01

영어 공부, 하루라도 빨리 시작해야 한다

"Good job! 잘했어!"

나는 10년 동안 유아 영어 교육 현장에서 아이들을 지도했고, 내가 지도한 아이들은 지극히 평범한 대한민국의 유아들이었다. 어린이집과 유치원에서 아이들에게 영어를 가르치면서 엄마들에게 꼭 알려주고 싶었다. 아이들이 영어 시간을 얼마나 기다리는지, 영어 선생님을 얼마나 보고 싶어 하는지 말이다. 그것을 상상을 초월한다. 믿기 힘들겠지만 영어 선생님의 인기는 요즘 최고 가수인 방탄소년단(BTS)와 비슷했다고 감히 말할 수 있을 정도였다. 환호성을 외치고 기쁨을 온몸으로 표현하는 아이들에게 손을 흔들며 나의 공연은 시작되었다. 상상이 되는가?

'뮤직 큐' 사인에 맞춰 나온 알파벳 송에 맞춰 몸을 흔들기 시작하는데,

제일 어린 4세 병아리들부터 제일 고령인 7세 어르신들까지 모두 신나게 수업을 했다. 4세 아이들은 정말 병아리처럼 예쁘고, 7세 아이들은 어린 이집의 제일 나이 많은 어른 같아서 어르신이라고 부르기도 했다. 아이들은 일단 재미있으면 무한 반복을 외치며 또 하자며 졸라대곤 했다. 나는 거의 실신하기 일보 직전인데 말이다. 4세부터 7세까지 연속해서 수업하고 나면 체력이 바닥날 때도 있지만 아이들과의 시간은 나 역시도 재미있고 신나기 때문에 10년 동안 할 수 있었던 것 같다.

나는 임신 중에도 어린이집과 유치원에서 영어 수업을 했다. 기본적으로 유아들에게 영어를 가르치는 수업은 음악과 율동이 항상 세트로 진행된다. 점점 무거워지는 몸으로 열정적으로 노래를 부르고 율동을 하며 수업을 했다. 수업이 끝나면 어린이집 담임 선생님이 내게 묻곤 했다. "영어 선생님, 괜찮으세요?" 그러면 나는 당연히 "Yes! 네! 괜찮아요. 지금 태교 중이에요." 이렇게 대답하며 서로 웃었던 기억이 스쳐 지나간다. 우리 아이의 영어는 나의 배 속에서부터 시작되었다. 아기가 배 속에 있는 동안 나는 최대한 사랑스러운 목소리로 내가 알고 있는 말 중에서도 제일 예쁜 말만 골라서 해주었다. "I love you baby." "아기야 사랑해!"

아기가 태어나고 나서 나는 잠시 아이들을 가르치는 일을 쉬고, 온전히 내 아이에게 집중하기로 했다. 1년 동안 나는 아이에게 책 읽어주기,

노래 불러주기, 뽀로로 만화 보여주기 등등 내가 할 수 있는 한 아이에게 보여주고 들려주었다. 노래를 불러주거나 말을 걸면 그 말을 알아듣는 것처럼 한 번씩 미소를 지으며 나를 행복하게 해주었다. 기저귀를 갈면서도 나는 아이가 알아듣든지 못 알아듣든지 계속 말을 걸었고, 젖을 물리면서도 노래를 불러주었다. 내가 지칠 때까지 아기에게 말을 걸어주었다. 빨리 아기와 이야기 나누고 싶은 나의 간절한 마음을 전달하고 싶었던 걸까?

아기는 엄마 배 속에서 나오면 엄마 배 속에 있을 때보다 훨씬 더 다양하고 많은 양의 소음에 무차별적으로 노출된다. 아기가 듣고 싶지 않다고 울어도, 셀 수 없는 소음 앞에 그대로 놓일 수밖에 없다. 자동차 소리, 강아지 짖는 소리, 현관문 여는 소리, TV에서 나오는 소리 등등. 그 많은 소음 중 내가 했던 말이 혹시나 아기에게 소음으로 들렸을까 하는 불안한 마음도 들었다. 하지만 분명히 내 소리는 아기에게 소음이 아니었을 것이라고 생각했다. 왜냐면 아기와 나는 이미 배 속에서부터 텔레파시를 주고받는 사이였기 때문이다. 척하면 척하는 그런 사이 말이다.

배움에는 정해진 시기가 따로 없다. 무엇이든지 배우고자 하는 것은 빨리 시작해야 한다. 외국어를 배울 때도 마찬가지다. 먼저 배우면 먼저 알아듣게 되고 먼저 말하게 되고 쓰는 것도 역시 할 수 있게 된다. 그러면 외국인을 만나도 간단한 인사 정도는 할 수 있게 된다. 하지만 한 번도 외국어를 배우지 않은 사람은 외국인을 만나면 간단한 인사도 하지 못하고 도망가고 말 것이다. 우리나라 사람들은 영어에 대한 두려움을 많이 가지고 있다. 길거리에서 외국인이 길을 물어보면 머리만 긁적이고 그 자리를 피하거나 그나마 양호한 사람은 손짓 발짓 사용해서 설명하더라도 만족할 만한 설명을 못 해서 서로 어색해지는 경우를 많이 보았을 것이다. 그 사람들은 '미리 영어 공부를 했으면 이런 일은 없었을 텐데.' 하며 후회했을 것이다.

우리 아이가 6살 무렵 처음으로 비행기를 타고 필리핀 여행을 갔는데 외국인을 보고는 "Hello!" 하고 인사를 하는 것이다. 기특하고 대견한 생각도 들고 언어의 노출이 정말 중요하구나 하고 생각했다. 그리고 곳곳에 보이는 간판을 보며 "엄마, 저기 알파벳 A 보인다." "저기 H도 보인다." 하며 자신이 알고 있는 글자들을 계속 말하며 스스로도 신기해했다. 자신이 배웠던 글자가 곳곳에 보이니 많이 신기했던 모양이다. 배 속에 있을 때부터 쏟았던 나의 모든 노력이 드디어 빛을 보는구나 생각하니 나도 덩달아서 신났다.

유아가 영어를 배우는 시기를 놓고 일찍 배워야 한다는 입장과 너무 일찍 배우면 역효과가 난다고 하는 두 가지 입장이 있다. 영어를 일찍 배우면 한글과 영어를 자연스럽게 배울 수 있고 영어에 대한 거부감 없이 자연스럽게 말할 수 있다. 그 반대 입장은 한글도 모르는데 영어까지 가르치면 아이에게 혼란을 줄 수 있다는 것이다. 과연 그럴까? 내가 함께 일했던 선생님 중 한 분은 한국 사람이었는데 남편은 미국 사람이었다. 아이들은 한국말과 영어를 동시에 말하는데 전혀 혼란은 일어나지 않았다고 했다. 대한민국 부모님은 절대 걱정하지 말고 아이들에게 부지런히 영어를 가르치기를 바란다. 이 경우가 전부는 아니지만 2가지 이상의 언어를 동시에 말하는 아이들을 종종 TV에서 본 적이 있을 것이다. 혹시 부모님 스스로 자신의 영어 실력이 들통나지 않을까 걱정하는 것은 아닌가 하는 걱정 아닌 걱정을 해본다.

나의 경우 영어를 본격적으로 배우기 시작한 때는 중학교 1학년에 입학하면서였다. 나의 훨씬 선배들도 영어는 대부분 그때부터 배우기 시작했다. 요즘 아이들에게 이 이야기를 하면 "설마요? 정말요?" 하며 믿을 수 없다는 표정을 지으며 물어본다. 영어 수업 시간에 알파벳 쓰는 연습을 하려고 영어 노트를 사고, 알파벳 쓰기 숙제를 내주면 줄에 맞추어 열심히 썼던 기억이 난다. 대문자와 소문자를 따로따로 써 가며 외우는데 헷갈리는 글자들이 몇 개씩 있었고, 시험을 보면 꼭 헷갈렸던 글자를 틀리곤 했다.

요즘은 학교 정규 과정 중 영어 과목이 초등학교 3학년부터 시작한다. 하지만 요즘 아이들은 3학년이 되기 이전부터 사설학원과 어린이집, 유치원 등등에서 미리 공부하고 3학년 영어를 맞이하는 경우가 대부분이다.

나의 부모님은 내가 어렸을 때 장사를 하느라 바쁘신 와중에도 영어를 잘하라고 하시며 영어 단어 외우기 숙제를 내주셨다. 하루에 단어를 3개씩 적어서 외우는 숙제였다. 단어도 내가 원하는 단어를 적어서 외우면 되는 숙제였다. 숙제 검사는 엄마가 아닌 아빠 담당이었다. 우리 아빠가 예전에 그러셨지 하고 생각하니 아빠에게 고마운 생각이 든다. 나를 영어의 바다에서 놀게 해주시려고 했는데 나는 그 바다에 들어가지 않으려고 슬금슬금 도망친 건 아닐까 하는 생각이 든다. 그때는 왜 그랬을까? 그때 꾸준히 단어 외우기를 했다면 내 미래는 달라졌을지도 모른다는 말도 안 되는 상상을 하며 웃어본다. 당시 나에게 아빠는 또 한 명의 숙제 검사하는 영어 선생님으로만 느껴졌다. 많은 양의 숙제는 아니었지만 외워야 한다는 자체가 걱정거리였다.

아빠의 노력에도 불구하고 단어 외우기 프로젝트는 큰 효과를 보지 못하고 결국은 조용히 사라졌다. 지금 생각해보아도 어려운 숙제는 아니었는데 3개의 단어 외우기를 해내지 못했다. 아빠는 분명히 노력했는데 내가 아빠의 노력을 내가 너무 몰라준 것 같아서 조금은 미안한 마음이 든다. 결과는 참패였지만 나의 영어 시작은 영어 단어 외우기였었던 같다.

지금까지 나는 나의 이야기를 여러분에게 들려주었다. 나의 어린 시절 영어를 배우기 시작했던 이야기와 나의 아이가 영어를 듣고 자라나고 있는 이야기를 해주었다. 나는 영어를 가르치는 선생님이기도 하고, 그 이전에 대한민국에서 아이를 키우는 엄마이기도 하다. 나 역시도 태어날 아이에게 어마 무시한 기대를 하며 어떻게 하면 훌륭한 아이로 키울 수 있을까 하고 날마다 즐거운 상상을 하곤 했다.

나는 이 글을 읽는 독자들이 나의 이야기를 즐겁게 읽고 함께 공감해주기를 바란다. 그리고 내가 어린이집과 유치원에서 아이들에게 가르쳤던 내용을 엄마들이 집에서 흉내 내보기를 바란다. 그러면 아이들은 영어를 더 좋아하고 영어에 대한 거부감 없이 영어 공부를 하게 될 것이라고 믿는다. 어렵지 않으니 도전해보기 바란다. 그럼 이제 우리 아이 영어 공부로 빨리 들어가보자.

02

우리 아이 첫 영어는 어떻게 시작할까?

"Great job! 정말 잘했어!"

이제 우리 아이의 영어 공부는 엄마인 내가 직접 관리하겠다고 자신 있게 말할 수 있는가? 대한민국은 엄마의 힘으로 이루어진 나라라고 해도 틀린 말이 아니다. 이제 우리가 엄마의 힘을 아이들에게 보여 줄 때가 된 것 같다. 내 자식 잘 키워보고 싶은 마음 가득 담아 작심삼일이 되지 않도록 두 주먹을 불끈 쥐고 외쳐볼까? "I can do it! 나는 할 수 있다!"

"영어 선생님, 우리 아이가 영어를 좋아하는 것 같은데 집에서 어떻게 해줘야 하나요?"

"제가 아이에게 어떻게 해야 할지 잘 모르겠어요."

"어머니, 우리 친구가 수업 시간에 참여도 잘하고 싱글벙글 웃으면서 너무 잘하고 있어요. 그래서 제가 칭찬도 많이 해주고, 손들면 꼭 시켜주고 있어요."

    내가 가르치고 있는 어린이집에서 한 학부모님이 전화 상담을 요청해 왔다. 아이가 영어 공부에 흥미를 느끼고 집에 오면 영어 시간에 했던 이야기를 엄마에게 자주 이야기한다는 것이었다. 그래서 결국 학부모님은 나에게 전화를 한 것이었다. 그건 바로 나에게 보내는 엄마의 애타는 SOS 신호였다. 어쩜 이렇게 기특한 친구가 있다니! 나는 그 아이가 남자아이인데도 너무 예뻐 보였다. 왜냐면 그 아이는 나에게 방과 후 수업을 할 수 있도록 길을 열어준 아이였다. 영어 방과 후 수업은 어린이집 수업이 끝난 후 심화 학습을 하고 싶은 친구들만 모여서 별도로 수업을 하는 것이다. 그런데 방과 후 수업은 본 수업보다 훨씬 에너지가 적게 들었다. 왜냐면 여기에 모인 아이들은 배우고자 하는 열정이 넘쳤기에 하나를 알려주면 벌써 몇 개를 알아들을 준비가 된 영어 천재들이었다. 방과 후 신청을 받았더니 처음에는 8명이 신청했고, 그다음 달은 7명이 더 신청했다. 나는 인원을 15명으로 제한하고 방과 후 수업을 시작했다. 나는 이 아이들을 영어 천재라고 불러주고 싶다. 천재라고 불러주면 진짜 영어 천재가 될지도 모르니까 말이다.

    나에게 상담한 엄마는 영어 선생님인 나를 전적으로 믿고 아이가 방과 후 수업에 참여하기를 원했다. 방과 후 수업 교재는 본 수업과 다른 교재로 수업했고 약간 더 어려운 교재였다. 물론 엄청나게 어려운 교재는 아니었고 평소 수업 시간보다 공부할 양이 조금 더 많았다. 수업에 참여하는 아이들은 누구 하나 불평하지 않았고, 오히려 칭찬 스티커를 더 많이 받기 위해 서로 경쟁하는 재미있는 일까지 일어났다. 아이들에게 수업 시간에 잘할 때마다 스티커를 주는 것은 나의 전략이었다. 어른들에게는 스티커가 별것 아닌 것처럼 보이지만 아이들은 그야말로 스티커에 거의 목숨을 걸었다.

수업 시간에 열심히 하고 잘하는 아이들에게 보상이 없는 수업은 흥미 유발과 동기를 부여하지 못한다. 그래서 나는 예쁘고 멋있는 스티커를 대형 문구점에 갈 때마다 종류별로 다양하게 샀다. 우리 아이들이 얼마나 좋아할까 생각하면서 나는 날마다 새로 나온 스티커를 찾아 문구점에 출석 도장을 찍었다. 아이들이 영어 시간을 좋아하는 만큼 나도 문구점에 가는 날이 점점 늘어났다.

무슨 일이든지 어렵다고 느끼면 아주 낮은 산도 넘지 못할 태산 같고, 반대로 할 수 있다고 마음먹으면 절대 넘지 못할 산도 어느새 훌쩍 넘고 있을 것이다. 또 올라갔는데 그 산이 아니면 다시 내려와 올라갈 힘도 생기는 것이다. 우리 아이에게 영어를 어떻게 시작해야 할까 생각하면 엄마들은 먼저 막막할지도 모르겠다. 잘 해보고 싶은 마음은 가득한데 생각처럼 잘되지 않아 한 번쯤은 다 고민해보았을 것이다. 쉽게 생각하자. 그러면 쉽다. 어렵지 않다. 우리는 중학교, 고등학교에서 영어를 완벽하게 배우지 않았는가? 그렇다고 하자. 그래야 우리 아이에게 영어 공부 시킬 힘이 생긴다. "I can do it! 나는 할 수 있다!"

유아에게 우리말이 아닌 외국어를 가르친다는 것은 결코 쉬운 일이 아니다. 하지만 절대 어려운 일도 아니다. 일단 엄마가 아이에게 외국어를 가르쳐야겠다고 마음을 먹으면 먼저 공부하고 준비해서 가르칠 각오를 해야 한다. 엄마의 마음가짐이 그만큼 중요하다. 서점과 도서관 그리고 인터넷을 뒤져서라도 많은 정보를 찾아보고 우리 아이가 좋아할 만한 것을 찾아내는 것이 중요하다.

일상에서 아이가 영어에 흥미가 있는지 없는지 살펴보는 것도 꼭 필요하다. 아이가 영어에 관심이 없는데 엄마의 욕심으로 억지로 시키는 것은 역효과가 일어날 것이 뻔하기 때문이다. 어른들도 새로운 것을 배우려고 할 때 흥미가 있어야 배우는 것이지 갑자기 악기를 배우면 좋다면서 바이올린을 배우라고 하면 난감하고 당황스러울 것이다. 우리 아이를 당황스럽게 만들고 싶은가?

우리 아이가 태어났을 때를 한번 떠올려보자. 우리는 태어난 아이를 보며 건강하게 잘 자라기만 바랄 뿐 더 이상의 소원은 없었다. 그러다 점점 자라면 평범한 아이보다 뛰어난 아이로 자라기를 바란다. 모든 부모의 마음이 그렇겠지만 처음 아기가 태어났을 때의 순수한 마음은 어디로 다 사라져버리는 건지 모르겠다. 아이가 뒤집기를 하고 걸음마를 하고 옹알옹알 말을 하고, 모든 것들이 신기하고 잘한다며 박수를 보냈던 그때를 잊지 말자.

우유를 비유한 재미있는 글이 있어서 함께 읽어보자.

"아이가 어릴 때는 천재라 굳게 믿고 아인슈타인 우유만 먹인다. 그러다 초등학교에 가면 천재가 아님을 알게 되지만 서울대는 갈 것이라고 믿고 서울우유를 먹인다. 중학교 1, 2학년 때는 연세우유로, 중학교 3학년이 되면 건국우유, 고등학교에 진학해서는 현실을 인지하고 지방 대학만 가지 말아 달라며 저지방 우유를, 마지막으로 고3이 되면 그제야 욕심을 버린 부모는 몸이나 건강하라며 매일우유를 먹인단다."

엄마의 마음가짐이 준비되었다면 우리 아이에게 어떻게 재미있게 영어를 가르칠까 생각해야 한다. 유아기의 아이들은 무조건 재미가 있어야 흥미를 느낀다. 냉정하게 말해서 아이들은 정말 솔직하다. 재미가 없으면 재미없다고 눈치 보지 않고 말한다. 재미가 없는 영어는 아이들에게 스트레스만 잔뜩 받게 할 뿐이니까 말이다. 우리가 TV를 볼 때 재미없으면 채널을 바로 돌려버리는 것과 같다. 우리는 아이들이 엄마 채널을 돌리지 않도록 부단히 노력해야 할 것이다.

이제 우리 엄마들은 두 가지를 먼저 준비하면 될 것 같다. 첫째는 우리 아이에게 어떤 상황에도 참고 인내하며 사랑하고 칭찬할 준비를 할 것, 둘째는 우리 아이에게 줄 멋진 스티커를 많이 준비하면 된다. 아니 영어를 가르치려고 하는데 칭찬과 스티커라니 이건 너무 쉬운 거 아니냐고 할 수도 있지만 나는 여러분들이 이 두 가지를 준비하는 것이 기본 중의 기본이라고 말하고 싶다. 이 두 가지만 준비하면 거의 절반은 준비가 되었다고 말할 수 있다. 본격적으로 아이와 영어 공부를 시작하면 우리 아이는 내가 원하는 대로 따라오지 않을지도 모른다. 엄마는 의욕이 넘치는데 아이는 하기 싫다며 서로 신경전을 벌일지도 모른다. 영어 동화책은 잔뜩 사놓았는데 그냥 장식품이 될 수도 있고 엄마와 아이 사이는 나빠질지도 모른다. 겁을 주려는 것은 절대 아니고 마음의 준비를 하라는 것이다. 그만큼 어려운 것이 엄마표 영어이고, 또 쉬운 것이 엄마표 영어이다. 엄마표 영어를 시작하려고 마음먹은 우리 대한민국의 엄마들을 열렬히 응원한다. 부디 포기하지 말고 행복하고 신나는 엄마표 영어를 쭉 이어나가길 바란다. 빨리 스티커부터 사러 가자.

03

어떻게 해야 우리 아이가 영어를 잘할까요?

"That's great! 멋지구나!"

대한민국에서 태어난 엄마가 대한민국에서 태어난 우리 아이에게 영어를 가르친다는 것은 과연 쉬울까? 어려울까? 1초도 망설이지 않고 대답할 수 있는 쉬운 문제 아닌가? 그럼 이번에는 이렇게 질문해보자. 대한민국에서 태어난 엄마가 대한민국에서 태어난 우리 아이에게 한국어를 가르친다는 것은 과연 쉬울까? 어려울까? 왜 갑자기 대답하기 망설여질까? 한글을 가르치는 것도 결코 쉽지만은 않았다. 무언가를 가르친다는 것은 결코 쉬운 일이 아니다. 우리 아이에게 한글을 가르칠 때를 떠올려보자.

"우리 아가 일어났어요?"

"배고프지요?"

"사과 먹을까요?"

"엄마가 맛있는 것 줄게요."

"치카치카 하자."

"우리 아가 코 자야지."

엄마들은 온종일 아이에게 말을 걸고 이거 하자 저거 하자 쉬지 않고 말을 한다. 아이는 날마다 엄마의 말을 듣게 되는 것이다. 당연히 대한민국에서 태어났으니까 한국말을 가장 많이 듣게 되고 말하게 된다. 예전에 내가 수업했던 어린이집의 한 아이는 다문화 가정에서 자라고 있었다. 그 아이는 6살이었는데도 한국말이 서툴렀고 영어 수업 시간에도 또래의 아이들보다 학습 속도가 느렸다.

언어에 노출되는 시간을 얼마나 많이 갖느냐가 말을 배우는 시기에 매우 중요하다. 우리는 한국에서 영어를 배우기 때문에 더 많은 영어 환경에 노출이 되어야만 한다. 그런데 현실적으로 하루 중 많은 시간을 아이와 영어 환경 속에서 산다는 것은 쉽지가 않다. 더군다나 유아기에는 아이에게 온종일 영어로 대화하는 것은 더 어렵다.

우리 아이는 어렸을 때 활동적인 운동을 좋아했다. 그래서 줄넘기와 홀라후프 돌리기, 그리고 자전거 타기를 좋아했다. 5살 때 3종목을 모두 할 수 있게 되었다. 지금도 가끔씩 홀라후프를 돌리던 동영상을 보면 웃기기도 하고 대견하기도 하다. 줄넘기 연습을 많이 한 아이가 줄넘기를 잘하게 되고, 홀라후프를 많이 돌려본 아이가 홀라후프를 잘 돌릴 수 있다.

　우리 아들 친구 중의 한 명은 키도 크고 덩치가 커서 중학생처럼 보인다. 그런데 아직 자전거를 타지 못한다. 아들 친구들이 자전거를 타고 놀고 있는데 키가 큰 그 친구는 혼자서 걷다가 뛰다가를 반복하면서 자전거를 따라다녔다. 혼자서만 땀을 뻘뻘 흘리고 집에 가고 싶다는 표정을 지었다. 어렸을 때 자전거 타는 법을 배우지 않기 때문에 친구들과 함께 놀지 못하는 것이었다. 넘어지고 다치고 다시 일어나고 하는 과정을 계속 반복해야 자전거를 탈 수 있는데 이 과정을 경험하지 않았으니 탈 수가 없는 것이다. 언어를 배울 때도 마찬가지다. 배우려고 하는 언어 환경에 더 많이 노출되면 더 잘할 수 있다. 당연히 영어를 배우려면 영어 환경에 더 많이 노출되면 되는 것이다. 미국에서 영어를 배우는 것과 한국에서 영어를 배우는 것은 환경적으로 큰 차이가 있기 때문이다.

　그럼 우리 아이를 어떻게 자연스럽게 영어 환경에 어떻게 노출을 시켜 줄 것인가 생각해보자. 첫째는 엄마와 아이가 영어로 대화하는 것이다.

아이와 대화를 제일 많이 하는 사람은 바로 엄마이기 때문이다. 아주 간단한 문장으로 대화해도 좋고 쉬운 단어를 가지고 이야기해도 좋다. 예를 들면 간단한 아침 인사를 영어로 시작해보는 것도 좋다. 아침에 고함을 치지 말고 최대한 우아하게 영어로 아이를 깨워보자. 둘째는 엄마가 아이에게 영어 동화책을 읽어주는 것이다. 잠자기 전에 아이에게 동화책을 읽어줄 수도 있고 놀이 시간에 읽어줄 수도 있다. 원어민이 읽어주는 동화를 활용하는 것도 좋다. 하지만 아이는 엄마가 읽어주는 동화책을 더 집중해서 잘 듣는다. 엄마 목소리는 세상에서 제일 편안하고 사랑이 가득하기 때문이다.세 번째는 아이에게 영어 노래를 들려주는 것이다. 엄마가 노래를 함께 불러주면 아이들은 더 신나서 잘 따라 부를 것이다. 아이가 유난히 더 좋아하는 노래가 있으면 그 노래를 더 많이 더 자주 불러라. 아이는 잠자기 전에 그 노래를 흥얼거리면서 자게 될 것이다. 네 번째는 간단한 게임이나 놀이를 영어로 해보는 것이다. 아이는 놀이를 하면서 공부라고 생각하지 않고 재밌는 놀이라고 생각할 것이다. 엄마만 혼자서 공부하고 있다고 생각할지도 모르겠다. 이외에도 더 다양한 방법들을 활용해 엄마의 능력을 펼칠 수 있다. 아이들은 엄마 하기 나름이니까요. 이 네 가지 방법을 반복적으로 꾸준히 한다면 엄마와 아이 모두 자연스럽게 영어를 좋아하고 잘하게 될 것이다. 우리 아이는 어린이집에 다닐 때 나에게 영어를 배웠다. 영어 시간이 되면 나는 영어 선생님으로 변신해서 아들을 만나러 갔다. 내가 수업하는 어린이집에 우리 아들을 입학시켰기 때문에 가능한 일이었다. 나도 우리 아이를 만날 수 있어서 좋았고, 우리 아이는 영어 시간에 엄마가 있으니 어깨에 힘이 가득 들어 있었다. '우리 엄마가 영어 선생님이야.'라고 말이다.

일주일에 2번씩 하는 영어 수업 시간이 나에게는 아들을 만나는 시간이기도 했다. 그런데 신기하게도 우리 아들은 나를 엄마라고 생각하지 않았다. 선생님이라고 생각하는 것 같았다. 나에게 와서 달라붙으면 어쩌나 하고 살짝은 걱정이 되었는데 감사하게도 아주 공과 사를 잘 구별했다. 다른 아이들과 똑같이 수업이 끝나면 인사하고 교실로 돌아갔다. 우리 아이가 4살 때 이야기이다. 7살 때까지 나는 영어 시간에 우리 아이를 만날 수 있었다.

대부분의 어린이집과 유치원은 영어 수업 시간에 동화책과 CD 그리고 워크북을 활용해서 수업한다. 별도로 영어 선생님이 관련 교구를 활용해서 수업을 하기도 한다. 4세부터 7세까지 각 연령에 맞추어서 교재가 구성되어 있다. 한 달 수업이 끝나면 집으로 동화책과 CD, 워크북을 아이 편으로 보내준다. 엄마는 아이가 가져온 동화책과 CD, 워크북을 가볍게 보는 경향이 있다. 많은 엄마들은 아이가 가져온 책과 CD 워크북을 아무데나 던져놓고 활용할 생각을 전혀 하지 않는 것 같다. 아이가 한 달 동안 배운 내용이기 때문에 모든 내용들이 익숙해서 엄마가 질문해도 쉽게 답할 수 있는데 말이다. 아이는 엄마의 질문에 잘 대답해서 자신감도 생기고 성취감도 맛볼 수 있을 것이다. 영어 공부를 거창하게 생각하지 말고 하나씩 하나씩 일상에서 하면 된다. 나는 영어 시간에 배운 내용을 아이에게 물어보고 잘하면 맞출 때마다 '마이쮸'를 하나씩 주었다. 그 당시 마이쮸는 아이들에게 최고의 간식이었다.

우리 아이를 다른 아이와 비교하지 말자. 비교를 하는 순간부터 엄마 마음을 조급하게 만든다. 모든 아이들은 제각각 성격도 다르고 배우는 속도도 다르고 좋아하는 것도 다 다르다. 다른 집 아이는 벌써 글을 읽고 말하고 쓴다는데 우리 아이는 아직 읽지도 못한다며 걱정 하지 말라는 것이다. 아이들을 있는 그대로 봐주고 우리 아이의 속도에 맞춰서 공부해도 충분히 잘할 수 있으니까 조급한 마음은 버리라고 말하고 싶다. 우리 아이가 가야 할 길은 아직도 한참 남았다. 앞으로 초등학교, 중학교, 고등학교에 가서도 할 공부는 많이 남아 있다. 지금은 우리 아이가 영어를 배우는 데 흥미를 가지고 자연스럽게 듣고 익히는 시간이라고 생각하고 함께 공부하면 된다.

일상에서 말해봐요 : 아침에

Mom : Good morning! 좋은 아침!

　　　　Wake up sweeties! 일어나 귀염둥이야!

Kid : I'm sleepy. 졸려요.

Mom : Rise and shine. 어서 일어나.

Kid : Yes, mommy. 네, 엄마.

04

아이가 영어 공부를 싫어하는 이유

"Amazing! 놀랍구나!"

노는 게 제일 좋아 친구들 모여라

언제나 즐거워 개구쟁이 뽀로로

눈 덮인 숲속 마을 꼬마 펭귄 나가신다

언제나 즐거워 오늘은 또 무슨 일이 생길까?

어디선가 많이 들어본 적이 있을 것이다. 바로 유아 만화 〈뽀로로와 친구들〉 주제곡 가사이다. 우리 아들이 어렸을 때 엄청나게 인기가 많았던 애니메이션이었다. 우리 아들은 이 노래만 나오면 벌써 들썩들썩 엉덩이도 흔들고 TV 앞으로 달려갔다. 뽀로로를 보는 내내 엄청나게 집중하고 웃기는 장면에서는 깔깔대며 웃고 소파에 앉았다가 바닥에 앉았다가 눈은 계속 뽀로로를 응시했다. 뽀로로에게 위험한 일이 닥치면 뽀로로를 구하러 TV 속으로 들어갈 기세였다. 뽀로로를 괴롭히는 악당들이 나오면 어디선가 장난감 칼과 창을 들고 와서는 같이 공격하고 있었다. 만화가 끝나갈 무렵엔 주제곡 노래가 나오면 목이 터지도록 부르고 뽀로로와 작별 인사를 했다. 뽀로로가 없는 세상은 감히 상상할 수 없을 정도였다.

아이들은 자신이 좋아하는 것에 대해서 무서울 정도로 집중력을 발휘한다. 옆에서 말 시키는 것도 들리지 않는지 오로지 자신이 원하는 것을 하기 위해 몰입했다. 우리 아들도 역시나 본인이 좋아하는 것을 할 때는 조용히 그것에 집중하며 즐겼다. 뽀로로에 빠져서 재미있게 보고 있을 때 눈빛을 보면 정말 초롱초롱 빛이 나 보였다.

자녀를 둔 부모님은 내 아이 만큼은 영어를 잘할 수 있기를 간절히 바라는 마음으로 자신이 못다 이룬 소원을 아이가 이루도록 영어 공부를 열심히 시킨다. 영어만 잘하면 아이가 부모보다는 성공할 것이라고 생각하기 때문이다. 부모의 과도한 열정은 아이에게 영어는 하기 싫은 것이라는 마음을 심어주게 되고 앞으로 영어와는 점점 멀어지게 될 것이다. 빨리 영어책도 읽고 말도 하고 쓰기도 하면 좋겠지만 아이의 속도를 무시하고 달릴 수는 없다.

아이가 영어에 흥미도 있고 엄마의 바람대로 잘하고 있다고 해서 아이의 수준보다 더 높은 책을 읽게 한다면 아이는 흥미를 잃어버리게 될 것이다. 쉬운 책으로 아이에게 꾸준히 읽어주고, 아이가 좋아하는 장르의 책을 읽어주는 것도 꾸준히 영어 공부를 지속할 수 있게 해준다. 공룡, 자동차, 숫자, 색깔, 모양 등등의 다양한 내용의 주제를 가진 책들을 찾아서 함께 읽어보면서 꾸준히 반복해주자.

가까운 지인 중에 아이 영어 교육에 열성인 분이 한 분 계셨다. 아이도 엄마가 시키는 대로 잘 따라오는 듯했다. 그런데 엄마가 계속 질문하면서 틀린 부분을 자꾸 지적하고 똑같은 걸 물어봐도 또 모르냐며 아이를 나무라는 모습을 몇 번 본 적이 있다. 엄마는 장난 반 진담 반 툭 던진 말이었는데 아이는 결국 눈물을 보였고 책을 던지며 자기 방으로 들어가버렸다. 아이에게 잘하라고 하는 말이었지만 아이와 괜히 서먹서먹해지고 영어 공부를 거부하게 만들어버린 꼴이 되었다.

나 역시도 우리 아이와 한바탕 한 적이 있었다. 우리 아이가 어릴 때 뽀로로 만화를 너무 좋아해 뽀로로 영어 버전을 사서 아이에게 보여준 적이 있었다. 처음에는 재미있게 잘 보는 듯했다. 그런데 조금 지나고 난 뒤 영어 말고 다른 것을 보여 달라고 했다. 뽀로로가 우리말로 하지 않으니 무슨 말인지 못 알아듣고 한글 버전을 보여 달라고 하는 것이었다.

나는 아이에게 다시 똑같은 뽀로로라고 하며 설득해보았지만 그렇게 좋아하는 뽀로로를 안보고 다른 장난감을 가지고 놀았다. 끝날 때 주제 곡이 나오니 우리말로 멜로디에 맞추어서 목이 터져라 노래를 불렀다. 다 내 맘 같지가 않았다. 그래서 영어 버전 뽀로로는 몇 번 보여주다가 서랍장에 조용히 넣어두었다.

아이들은 영어책을 읽는 것보다 한글로 된 책을 읽는 것이 사실 편하고 재미있다. 그래서 가끔 아이와 함께 도서관에 가보면 아이는 영어 동화책 코너보다 한글로 되어 있는 코너로 간다. 자신이 보고 싶은 책은 영어 동화가 아니라 한글로 되어 있는 동화책이었다.

우리 아이는 5살 때 한글을 모두 떼고, 6살 때 폭발적으로 동화책을 읽었다. 그때 읽은 동화책은 200권도 훨씬 넘었다. 집에 있는 책도 다 읽고 도서관에서 빌려와서 읽은 책까지 합치면 더 많을 것이다. 그때 아마도 내가 한글 동화책은 그만 읽고 영어 동화책 읽자고 했다면 200권은 고사하고 아마 책을 싫어하게 됐을지도 모르겠다. 아이가 좋아하는 것을 자유롭게 할 수 있도록 엄마가 마음을 열어주고, 너무 영어만 강요하지 않았으면 한다. 아이가 영어에 흥미를 가질 수 있도록 도와주는 것만으로도 만족해야 한다.

아이에게 많은 정보를 넣어주는 것도 좋지만 무조건 많이 알려준다고 해서 아이가 꼭 영어를 잘하지는 않는다. 엄마는 아이가 더 빨리 더 많이 더 높은 수준에 도달하기만을 바라지만 아이는 점점 지칠 수밖에 없다. 어릴 때부터 너무 많은 양의 학습을 하다 보면 아이들도 스트레스가 쌓여 영어 공부를 거부하기 때문이다. 엄마도 아이와 마찬가지로 영어를 가르치는 과정에서 오는 스트레스가 분명히 있다. 다른 집 엄마들도 다 하니까 나도 해야지 않을까 하며 스트레스를 받고 가르치는 것은 엄마나 아이에게 좋은 영향을 끼치지 못한다.

많은 양의 학습이 중요한 것이 아니고 적은 양을 공부하더라도 엄마와 아이 모두가 즐겁게 해야 싫증 내지 않으면서 꾸준히 할 수 있는 힘이 생긴다. 다시 말하지만 아이들은 재미있으면 스스로 열심히 하게 되어 있다. 아이가 영어 유치원에 다니든 영어 학습지를 하든 엄마표 영어를 하든 흥미만 잃지 않게 해주는 것이 가장 좋은 방법이고, 꾸준히 영어 공부를 하게 할 수 있는 방법이다.

영어 공부를 싫어하게 되는 이유는 여러 가지가 있겠지만 부모님의 너무 과도한 관심과 아이의 실력을 과대평가하기 때문이다. 유아기의 아이들은 한글을 아직 다 알지 못한 아이들도 많이 있다. 그런데 알파벳을 모른다고 혼낼 수는 없지 않은가? 아이가 영어 공부를 싫어하게 되는 이유

중의 또 한 가지는 놀랍게도 엄마 때문일 수도 있다. 날마다 공부해라 잔소리하는 사람은 바로 엄마이기 때문이다. 영어 공부 못하면 큰일 난다고 아이에게 협박 아닌 협박을 하고, 이 동화책이 얼마짜리인데 이렇게 책을 안 보냐며 야단치기가 일쑤다. 엄마도 이렇게 일하고 피곤한데 엄마가 하는 말 좀 잘 들으면 안 될까 하며 잔소리가 끝나지 않는다. 아이들은 엄마 마음을 알기나 할까? 사실 아이들은 엄마 마음을 잘 알고 있다. 아이들은 자신이 어떻게 하면 엄마가 좋아한다는 것을 아주 잘 알고 있으면서도 엄마 말을 거역하는 것이다. 아이들은 엄마가 하라고 하면 하기가 싫어지는 것이다. 강요하는 것을 좋아하는 사람은 세상 어디에도 없다. 강요는 역효과만 가져올 뿐이다.

아이에게 자꾸 확인하는 것은 아이를 피곤하게 만든다. 아이가 영어 단어를 맞추면 너무 기특하고 신기해서 자꾸 물어보게 된다. 정말 아이가 아는지 궁금해서 다시 또 질문을 하면 아이는 그만 물어보라고 하며 짜증을 낼 수 있다. 만약 아이가 틀린 답을 말했다고 해서 너무 걱정할 필요도 없다. 비싼 돈을 들여서 영어 학원도 보내고 영어책도 사서 공부하는데 지금 당장 엄마가 원하는 결과를 보지 못한다고 해서 자꾸 아이를 피곤하게 만들지 말아야 한다.

영어 이외에도 피곤한 일은 세상에 너무 많이 있으니 가정의 평화를 위해서 엄마가 지혜롭게 할 필요가 있다. 아이들은 배워가는 과정 중에 있기 때문에 틀릴 수도 있고 맞을 수도 있다. 너무 아이의 실력을 측정하려고도 하지 말자. 한번 싫어지면 다시 회복하는 데 더 많은 시간이 걸릴지도 모르니 지금 눈에 보이는 것이 전부라고 생각하지 말았으면 한다.

하 루 1 0 분 엄 마 표 영 어 공 부 팁

일상에서 말해봐요 : 밤에

Mom : It's time to go to bed! 잠잘 시간이야!

Put on your pajamas. 잠옷 입어!

Kid : Okay, mommy. 네, 엄마.

Mom : Have a good dream! 좋은 꿈 꿔!

Kid : Good night mommy! 엄마 안녕히 주무세요!

05

놀이와 영어 공부는 다르지 않다

"Excellent! 훌륭해!"

"우와~ 신기하다."

"선생님 아이스크림 어디로 갔어요?

"방금 있었는데⋯⋯."

"야! 아이스크림 진짜 없어졌지?

"어디로 갔지?"

영어교실이 시끌벅적 웅성웅성하고 아이들 눈이 똥그래지고 도대체 아이스크림은 어디로 갔냐며 옆에 앉은 친구와 사라진 아이스크림의 행 방에 대해서 이야기한다.

영어 수업 시간에 영어 선생님은 마술사도 됐다가 가수도 되었다가 배우도 되었다가 댄서도 되었다가 할머니도 되었다가 할아버지도 되었다가 아주 정신이 하나도 없다. 선생님만 정신이 없지 아이들은 공연을 보고 있다고 생각하니 너무 재미있다고 생각할 것이다. 마술이 끝나고 인사하면 아이들은 좋은 공연이었다며 격려의 박수를 보내준다. 재미없으면 박수 소리가 약하다. 그러니 선생님은 공연 준비에 공을 들여 준비한다.

이것은 특별한 것처럼 보이지만 어린이집과 유치원에서 수업하는 영어 선생님들의 아주 평범한 일상이다. 이렇게 재미있게 아이들과 수업을 하는데 아이들이 영어 선생님을 좋아하지 않을 이유가 없다. 인기 짱이다. 어린이집과 유치원에서는 다양한 과목의 외부 강사 선생님들이 수업을 하고 있지만, 영어 선생님의 인기는 아무도 따라올 자가 없었다. 지금도 아이들의 환호성 소리가 귀에 쟁쟁하기만 하다.

6세 반 수업을 하러 교실에 들어갔는데 한 여자아이가 앞으로 나와 나에게 다가오는 것이었다. 그 아이는 내 귀에다 조용히 말했다.

"선생님, 저 꼭 시켜주세요."

그리고는 윙크를 했다. 아니 이런 깜짝이야. 세상에 핑크색 드레스를 입은 예쁜 아이가 나에게 와서 자기를 꼭 시켜 달라고 말하고 조용히 들어가는 것이었다. 수업 시간에 모든 아이들을 다 시켜주고 싶지만 한 명도 빼먹지 않고 다 시키는 것은 조금은 힘들다. 손드는 것을 부끄러워하는 아이들이랑 적극적인 성격의 아이들이랑 함께 모여 있기 때문에 적극적인 아이들을 더 시키는 경우가 많다.

영어 선생님에게 선택받은 아이들은 그날은 완전 하루가 행복 그 자체였다. 이렇게 아이들은 영어 시간을 너무너무 사랑했다. 동화가 아니라 실화다. 핑크색 드레스 입은 친구는 그날 너무 행복해보였다.

수업을 하러 갈 때는 항상 커다란 교구 가방을 들고 간다. 들고 간다는 표현보다는 메고 들어간다는 표현이 더 맞을 것 같다. 왜냐면 다양한 교구가 들어 있기 때문에 무거워서 메고 들어간다. 교실에 막 들어서면 아이들은 내 교구 가방을 늘 궁금해했다.

"선생님, 오늘 뭐 가지고 왔어요?"
"보여주면 안 돼요?"
"궁금하다."

아이들은 내 교구 가방 속에 무엇이 들어 있을까 하고 늘 궁금해했다. 교구 가방을 열면 재미있는 교구가 쏟아져 나오기 때문에 아이들은 내 얼굴 한 번 쳐다보고 가방 한 번 쳐다보곤 했다. 선생님이 언제 교구를 꺼낼까 하며 말이다. 아이들의 기대감은 마치 어른들이 로또 번호 부르는 날을 기다리는 것 못지않게 궁금해한다. 하나씩 하나씩 꺼내서 수업을 하면 아이들의 눈은 완전히 똘망똘망 그 자체다. 교구를 활용한 수업은 아이들의 적극적 참여도 유도하고 집중하는 데 아주 좋은 방법이다.

유아의 영어 공부는 거의 대부분이 놀이와 함께 진행된다. 그야말로 4세 아이들은 말을 아직 못하는 아이들도 있기 때문에 4세 아이들과는 더더욱 그림책 동화와 노래가 수업의 주를 이뤘다. 눈을 반짝반짝 뜨고 선생님을 쳐다보는 아이들을 보면 너무너무 귀엽다. 신나는 율동으로 시작하고 영어 동화를 읽어주면 어찌나 귀를 쫑긋하고 집중을 하는지 너무 신기할 정도다. 4세 반 선생님도 아이들이 이렇게 예쁘게 잘 앉아서 수업한다면서 영어 선생님 대단하다고 하신다.

한 손엔 동화책 한 손엔 마이쮸와 스티커를 들고 있으면 이렇게 예쁘게 앉아 있을 수밖에 없다. "오늘 스티커는 누구 볼에 붙여줄까?" 하고 시작하면 일동 '아빠 다리' 하고 허리 쫙 펴고 수업을 시작한다. 아이들은 나를 선생님이라고 하기 보다는 재미있는 사람이라고 생각하는 것처럼 보였다. 한번은 한 아이가 영어 선생님을 따라간다고 신발을 신은 적이 있었다. 겨우 말려서 교실로 돌려보낸 적도 있다. 이 맛에 10년 동안 동심의 세계에서 아이들과 보낸 것 같다.

아이들은 자신의 감정을 솔직하게 표현한다. 항상 수업이 재미만 있을 순 없지만 가끔씩 아이들 컨디션이 별로 안 좋거나 비가 오거나 하면 나도 애를 먹을 때가 있었다. 비가 오면 아이들은 정말 교실이 떠나가라고 떠들어서 집중이 안 될 때가 있었다. 비가 오는 날은 걱정부터 앞서고 마음을 단단히 먹고 수업을 들어가기도 했다. 이런 날은 나도 같이 미친 척하고 시끄러운 활동을 더 많이 활용하여 수업을 했다. 팀을 나누어서 소리 지르며 게임을 하고 점수를 주고, 우승팀에게는 전부 스티커를 주며 아이들의 흥을 돋아주었다. 이렇게 수업을 하고 나면 목도 쉬고 만신창이가 된다. 아이들이 재밌게 공부하는데 이 한 몸 희생해서 즐겁다면 비오는 날쯤은 무섭지 않았다. 나도 같이 웃고 떠들어서 스트레스가 풀리기도 했으니까 말이다.

유아기의 영어 공부는 놀이와 항상 짝꿍처럼 붙어 다닌다. 놀이가 빠진 영어는 아이에게 어떠한 흥미도 이끌지 못한다. 아이들에게 단어를 외우라고 시키고 글쓰기를 한다면 지루해하고 어렵게 느껴져 영어에 대한 부정적 생각이 들 것이다. 4세부터 7세까지 모두 놀이가 빠지면 수업이 안 될 정도다. 7세는 어린이집에서 가장 나이가 많은 형님들이다. 아무리 형님들이라고 해도 재미가 빠지면 하기 싫어한다. 그래서 네 살은 네 살대로 다섯 살은 다섯 살 대로 각 연령 별로 아이들의 수준을 고려해 재미를 접목해서 수업을 해야 성공적으로 수업을 할 수가 있다.

아이들과 영어 공부 할 때에 놀이와 함께하면 훨씬 즐겁게 할 수 있다. 예를 들어 동물에 관한 책을 읽어줄 때는 동물 흉내를 내며 읽을 수도 있고, 동물 가면을 얼굴에 쓰고 동물이름을 말해보기도 할 수 있다. 또 여러 가지 동물을 아이랑 그려보기도 하고 색칠도 해서 완성 후, 엄마가 동물 이름을 영어로 말하면 아이가 동물 그림 위에 올라가는 게임을 하면 재미있게 놀면서도 공부할 수 있다. 자연스럽게 우리 아이는 동물 이름을 하나씩 알게 되는 것이다. 우리가 고민을 하지 않아서 그렇지 아이들과 놀면서 공부할 수 있는 방법은 무궁무진하다.

놀면서 하는 공부는 아이들이 더 적극적으로 참여할 수 있도록 유도하는 것이 좋다. 엄마나 선생님은 방법을 알려주고 아이들이 더 많이 참여하게 해서 스스로 재미를 느낄 수 있도록 해주면 공부한다는 생각보다는 놀고 있다고 생각할 것이다. 아이 스스로 많이 참여하다 보면 성격도 적극적으로 되고 활발하게 모든 일을 할 수도 있게 된다. 그래서 자연스럽게 영어를 받아들이고 흡수하게 된다.

수업 시간에 아이들의 이해 정도를 알아보려고 일부러 틀리게 말하면 영어 선생님에게 그거 아니라고 큰 소리로 이야기한다. 딸기(strawberry)를 수박(watermelon)이라고 하면 난리가 난다. 자기들이 좋아하는 딸기를 수박이라고 했다고 너도나도 딸기(strawberry)라고 외친다. "Oh! I'm sorry!" 하고 나는 아이들에게 영어 선생님이 잠깐 착각했다고 말해준다. 그러면 자기들이 영어 선생님에게 정답을 알려줬다면서 의기양양해한다. 아이들은 딸기(strawberry)를 절대로 잊어버리지 않을 것이다.

06

아이에게 영어는 공부가 되어선 안 된다

"What a big boy! 우리 아들 다 컸네!"

'공부'라는 말은 어른이나 아이나 모두 별로 안 좋아하는 말이다. 어른들도 하기 싫은 공부를 아이들에게 시키는 것은 고문 아닌 고문이 될 수 있다. 하지만 어른들은 아이들에게 고문이라고 생각하지 않고 고문을 하고 있는지도 모르겠다. 고문을 강요로 바꾸면 어느 정도 시인을 하실 것이다. 대부분의 부모님은 아이를 위해서 한 것이지 아이를 힘들게 하려고 하지 않았다고 대답한다. 자식이 잘되기를 바라는 부모 마음은 모두 똑같기 때문이다.

아이들은 도대체 영어를 왜 배워야 하는지 모르고 엄마가 하라고 해서 할 것이다. 우리 아이들이 앞으로 어떤 일을 하며 살아갈지는 시간이 지나 봐야 알 수 있는데 너무 영어라는 과목에 과도한 에너지를 쏟아붓고 있는지 모르겠다. 남들도 다 하는 공부를 우리 아이만 안 시키면 안 된다며 다른 사람 눈치를 보는 교육을 하고 있지 않나 나 역시도 뒤돌아보게 된다. 이제 반성도 했으니 아이에게 공부로써가 아닌 영어를 하는 방법을 떠올려보자. 앞에서도 이야기했지만 영어를 공부로 접근해서는 원하는 결과를 얻기가 힘들다.

나는 영어를 배울 때 가장 먼저 알파벳을 쓰고 읽고 말하며 배웠다. 대문자도 쓰고 소문자도 쓰며 영어의 기초를 익혔다. 무조건 영어 노트에 쓰고 또 쓰고 선생님이 숙제를 내주면 또 썼다. 내 기억에는 알파벳을 즐겁게 배운 적이 없었다. 지겹게 써서 외우는 것이 알파벳이었다. 대문자랑 소문자를 외우면서 영어는 글자가 왜 2가지나 될까 하며 숙제를 했다. 하지만 나는 선생님 말씀을 잘 듣는 모범생이었다. 혼나지 않기 위해서 숙제는 잘해 간 것 같다. 혼나지 않기 위한 영어를 시작한 것이었다.

아이들과의 알파벳 수업은 정말 제일 신나고 재미있는 시간이었다. 나도 알파벳 송을 너무나 좋아했다. 신나는 율동에 맞추어서 노래하며 알파벳을 배우는데 다이어트에 이만한 노래가 없었다. 거의 1년 동안 알파벳 송을 부르면서 익히는 데 질리지 않고 오히려 아이들이 더 좋아했다. 이 노래는 알파벳 이름을 외치며 노래하며 알파벳 글자 모양을 온몸으로 표현한다. 알파벳 A부터 Z까지 모든 글자를 온몸을 이용해서 만든다고 보면 된다. 아이들은 절대 막춤을 추지 않았다.

이 알파벳 송은 수업 시작을 알리는 수업 종소리라고 생각하면 된다. 이 노래는 가만히 서서 할 수가 없다. 온몸을 비비 꼬고 몸을 비틀고 방방 뛰어야지만 끝나는 노래이다. 아이들은 원래 가만히 있는 것을 싫어하고 움직이는 것을 본능적으로 좋아한다. 다른 수업 시간에는 얌전히 앉아서 선생님 이야기를 들어야 하는데 영어 시간에는 방방 뛰라고 하니 얼마나 행복하겠는가? 이것이야말로 진정한 놀면서 하는 공부인 것이다. 나한테 배운 아이들은 이 노래로 알파벳을 마스터했다. 아마도 어딘가에 있는 알파벳 송 버튼을 누르면 아이들은 자동으로 이 노래에 반응할 것이다.

아이들과 단어를 배울 때는 여러 가지 게임을 이용해서 단어를 말하게도 하고 외치기도 했다. 아이들은 게임에 열중한 나머지 영어 시간이라는 것을 잠시 잊는다. 오직 게임을 하고 있다고 생각했다. 음식에 관한 단어를 그림카드와 단어카드를 활용해서 익힌 다음 바로 게임으로 진행한다. 음식에 관련된 단어는 아이들이 익숙하기 때문에 쉽게 잘 따라 하고 이해도가 높은 편이다. 좋아하는 음식과 싫어하는 음식을 나눈 뒤 선생님이 좋아하는 음식 이름을 말하면 움직여서 앞으로 나올 수 있다. 아이들을 모두 일어서서 교실 뒤쪽으로 가게 하고 좋아하는 음식의 단어가 들리면 앞으로 한 걸음씩 오게 하면 되는 것이다. 싫어하는 음식을 말했는데 움직이면 탈락이다. 몇 가지 규칙을 정해서 말해주면 아이들은 잘 이해하고 게임에 집중한다. 움직일 때는 그 단어를 크게 외쳐야만 움직일 수 있기 때문에 단어를 자동으로 여러 번 말하는 스피킹(speaking) 시간이 될 수 있다.

대부분의 아이들은 공부라고 생각하는 순간 재미를 느끼지 못하는 것 같다. 특히 파닉스(phonics) 수업은 아이들이 평소보다 얌전하고 조용하다. 그건 바로 '별로 재미없어요.'라고 말하는 것과 같다. 글자의 소리를 배우고 그 글자의 소리를 외워야 하기 때문이었다. 각 글자의 소리를 말해주면 따라 하고 반복하기 때문에 아이들에게는 좀 재미가 없었던 것이었다.

영어 수업은 전자칠판을 이용해서 수업을 했다. 그래서 나는 아이들이 최대한 많이 앞으로 나와서 터치하도록 해주었다. 전자펜을 이용해 글자를 터치하면 소리가 나오고 아이는 그 소리를 최대한 비슷하게 발음해보도록 했다. 아이들은 신기하게도 앞에 나와서 전자칠판을 터치하려고 경쟁을 했다. 파닉스 공부를 하려는 생각보다 전자칠판을 한번 터치해보려는 마음이 더 큰 것 같았다. 아이들의 이러한 호기심을 자극해 수업을 진행하니 한결 재미있어 하고 수업이 수월해졌다. 수업이 끝난 후 한 아이는 전자칠판을 손가락으로 만지면서 소리가 안 난다고 고개를 갸우뚱거리면서 나에게 말했다.

"선생님 소리가 안 나요."
"아까는 소리가 났는데……."

나는 다음 시간에 제일 먼저 이 친구를 시켜주기로 약속했다. 너무 좋아하며 인사하고 가는 그 아이를 보며 아이들은 역시 우리의 예상과는 다르게 학습을 받아들이는 것 같다는 생각을 다시 해보았다.

영어 수업은 매 순간마다 아이들의 반응을 통해 재미있나 없나 체크하고 분위기가 별로이면 바로 플랜 B로 바꿔서 진행하기도 한다. 이때는 선생님의 순발력이 필요하다. 엄마가 아이와 함께 영어 공부를 할 때 아이가 지루해 보이거나 재미없어 보이면 다른 내용으로 바꾼다든지 그만하고 다음에 하자고 할 수 있어야 한다. 엄마의 강한 의지로 계속 공부를 이어가면 아이는 흥미를 잃고 하기가 싫어질 것이다. 엄마 앞에서는 하는 척할 수도 있다는 것이다. 엄마 말을 안 들으면 어떻게 되는지 아이들은 너무나도 잘 알고 있기 때문이다. 엄마와 아이가 공부할 때는 사이가 좋아야 더 좋은 결과를 얻을 수 있다.

'엄마는 나를 사랑해.'

'엄마는 항상 내 편이야.'

'엄마는 우주 세상에서 제일 좋아.'

'우리 엄마는 최고야.'

아이의 마음속에 엄마는 내가 못해도 나를 사랑하고, 나를 최고라고 말해주는 사람이라고 믿게 해주어야 한다.

나는 수업 시간에 아이들에게 칭찬을 많이 해주었다. 그냥 '잘했어요 ~'가 아니라 오두방정을 떨면서 칭찬을 해준다. 엉덩이 박수 칭찬, 볼 박수 칭찬, 마주보기 칭찬 등등 다양하게 오두방정을 떨면서 칭찬을 해준다. 칭찬을 받은 아이들은 내가 이렇게 칭찬받을 정도로 잘했나 어리둥절하면서도 기뻐한다. 그래서 아이들은 칭찬받기 위해 열심히 한다. 4세 아이들도 칭찬해주면 선생님이 자신을 엄청 사랑한다고 느끼는 것 같다. 칭찬받고 나서는 내 볼에다가 뽀뽀를 해주는 친구도 있었으니까 말이다. 칭찬을 싫어하는 사람은 아무도 없다. 그리고 칭찬하는 것은 돈이 들지도 않고 어려운 일도 아니다. 그런데 아이들은 집에서 별로 칭찬을 받을 일이 없나 보다. 7세 반 여자아이가 영어 시간이 끝나고 나서 나에게 한 마디 툭 던졌다.

"우리 엄마는 맨날 혼만 내는데 영어 선생님은 칭찬해주니까 좋아요."

이렇게 나에게 말하고 교실로 가는 것이었다.

아이들은 칭찬에 목말라 있는 것 같았다. 아이가 나에게 이렇게 말해주니까 나도 기분이 좋았다. 뿌듯하기도 했다. 하지만 한편으로 아이들이 집에서 엄마 칭찬에 목말라 있다고 생각하니 조금은 짠한 생각이 들었다. 아주 사소한 것이라도 아이가 잘하면 칭찬해주면서 함께 공부하면 아이는 행복한 영어를 할 수 있을 것이다. 나처럼 오두방정 칭찬도 해주고 엄마가 조금만 아이의 눈높이에 맞추어 공부한다면 영어는 공부가 아니라 재미있는 활동 중의 하나라고 생각할 것이다.

집에서 하는 영어 놀이 : 카드 빨리 찾아서 벨 울리기

재료 : 그림카드/단어카드, 할리갈리 벨

단어 : tiger, monkey, lion, elephant, zebra

아이에게 5장의 동물카드를 나누어주고 엄마가 말하는 카드를 빨리 찾아서 벨을 울리는 다양한 동물 이름을 알아가는 게임이다. 동물 흉내를 내면 쉽게 찾을 수 있다.

Mom : Here are many animal cards! 여기 동물 카드가 많네.

　　　Now ring the bell quickly when I say the name of animals.

　　　동물 이름을 말하면 빨리 벨을 누르는 거야.

Kid : Ok, mom. 네, 엄마.

Mom : Tiger! 호랑이!

Kid : I got it. 찾았다.

Mom : Great job! 잘하네!

07

하루 10분 아이와 놀이 영어를 해보자

"What a big girl! 우리 딸 다 컸네!"

요즘은 맞벌이 부부가 많다 보니 아이들과 함께 시간을 보내는 것은 쉽지 않다. 아빠는 항상 바쁘고, 엄마 역시 일하고 와서 청소며 빨래며 다 하고 나면 아이랑 놀아줄 힘이 없다. 너무 피곤하다. 그래도 아이랑 놀아줄 10분 정도의 힘은 남겨놓자. 엄마와 아빠가 함께 놀아주면 좋지만 그게 어렵다면 번갈아 가면서 놀아주는 것도 좋은 방법이다.

우리 아이는 아빠랑 놀 때면 거의 레슬링 선수랑 격투기 선수가 만나서 UFC를 하는 것처럼 과격하게 놀았다. 다리로 아이 목을 조르지를 않나 몸을 꽉 잡고 못 움직이게 하지를 않나 우리 아들도 만만치 않았다. 본인 장난감 중 가장 크고 무서운 것을 들고 와서 아빠를 공격했다. 둘이서 놀고 있는 건지 싸우는 건지 황당했다. 둘 다 얼굴이 벌겋게 될 때까지 놀았다. 둘이서 다 놀고는 우리 아들 하는 말이 더 웃긴다.

"아빠 재미있다. 다음에 또 하자."

나랑 놀 때는 조곤조곤 동화책 읽고 이야기하고, 맛있는 간식 먹으면서 같이 영화도 보곤 했다. 그런데 남자들끼리 노는 걸 보니 너무 살벌했다. 노는 방법이 어찌 되었든 아이는 즐거워했다. 이렇게 날마다 놀아줄 수는 없지만, 시간이 날 때면 아이랑 놀아주려고 하는 아빠 모습이 고마웠다.

아이와 함께 노는 것을 어렵게 생각하지 말고 일상생활에서 자연스럽게 놀면서 아이와 시간을 보내면 되는 것이다. 아이와 함께 자전거를 같이 탄다든지 놀이터에서 논다든지 이런 일들이 다 아이와 노는 것이다. 거창하게 놀이공원에 가야만 노는 것은 아니다.

아이들은 자전거(bicycle), 자동차(car), 비행기(air plane) 등등 타는 것에도 관심이 많다. 엄마 아빠랑 함께 영어로 퀴즈를 내고 맞추기 놀이를 해도 좋아할 것이다. 아이에게 자전거 타는 흉내를 내고 무엇인지 맞추어보는 놀이도 좋고, 비행기 흉내를 내고 맞추는 것도 할 수 있다. 이것이 과연 재미있을까 하는 생각이 들겠지만 걱정하지 않아도 된다. 엄청 재미있는 놀이다. 아이는 부모님과 함께 노는 것 그 자체가 재미있는 놀이다.

거실에서 아이와 함께 터널 통과하기 게임을 한 적이 있다. 아이는 터널 속으로 도망가고 나는 셋을 세고 잡으러 가는 간단한 게임이었다. 엄마 아빠도 1부터 3까지는 영어로 셀 수 있을 것이다. 쉬운 것부터 시도해 보는 것이다. 아이와 함께 숫자를 영어로 세고 잡으러 가면 게임이 시작된다.

"Are you ready?" 준비됐니?
"I will count to three, then I will catch you!" 셋까지 세고 잡으러 간다.
"One, two, three!" 하나, 둘, 셋!
"Run!" 도망가!

아이랑 이렇게 놀다 보면 10분은 금방 지나간다. 정말 간단한 게임이지만 아이는 너무 좋아 한다. 아빠와 함께 놀면 더 좋아할 것 같다. 터널 통과하기는 우리 아이가 제일 좋아하는 게임이었다. 아이는 계속 놀자고 졸라 대고 나는 지쳐서 그만하자고 부탁해야 끝낼 수 있었다. 그 게임을 하면서 반복적으로 숫자도 익힐 수 있었고, "Run!" 하고 내가 외치면 자동으로 달렸다.

동화책을 함께 읽으며 아이와 함께 놀아주는 것도 좋은 방법이다. 나이가 어릴수록 그림이 크고 많은 것을 고르면 실패하지 않는다. 영어 문장도 너무 긴 것 말고 적당히 짧은 것이 읽기가 좋다. 동화책은 아이가 보고 싶어 하는 책을 고르게 하고, 책 표지부터 같이 살펴보면서 읽으면 더 좋다. 아이들은 자신이 선택한 책에 대해서 애착이 있기 때문에, 아이에게 책을 골라오게 하는 것은 좋은 방법이다.

동화책을 읽을 때 모든 말을 다 영어로 하지 않아도 된다. 엄마 아빠가 먼저 부담을 느끼지 말고 한국말을 섞어서 적절하게 읽으면 된다. 책 표지 색깔도 영어로 이야기해보고, 사소한 내용도 서로 이야기하다 보면 자연스럽게 영어책 읽기를 시작할 수 있다. 아이와 반드시 10분 동안 책을 읽어줘야 한다는 부담을 버리고 편하게 읽고 놀다 보면 10분은 금방 지나간다.

아이들은 숨고 찾는 놀이(Hide and Seek)를 좋아한다. 아이들은 아무 이유 없이 숨고 자신을 찾아보라고 한다. 이때가 바로 아이와 놀아주는 최고의 타이밍이다. 엄마가 '지금부터 무슨 무슨 놀이 하자.' 이렇게 정해서 하는 것도 좋지만 아이가 적극적으로 엄마와 놀기 원하는 그 타이밍이 진정한 놀이 시간이다. 우리도 어릴 때 여기저기 숨는 놀이를 좋아했다. 아이가 숨을 곳은 뻔하다. 우리 집의 구조는 아이보다 엄마가 훨씬 더 잘 알고 있다. 이때 엄마가 연기를 잘해야 놀이가 재미가 있어진다는 것쯤은 말 안 해도 알 것이다.

이 놀이를 할 때는 장소를 이야기해주면서 놀이를 할 수 있다. 거실(Living room), 부엌(Kitchen), 화장실(Bathroom), 식탁 밑(Under the table) 등등 집안 곳곳을 활용하여 놀아주면 좋다. 엄마는 알아도 모르는 척 봤어도 못 본 척해야 놀이가 재미있다. 너무 금방 찾으면 아이도 김빠지니까 말이다. 아직도 Kitchen(부엌)을 Chicken(치킨)하고 혼동하시는 분은 없으리라 믿는다.

아이들과 함께 놀 수 있는 방법은 무궁무진하다. 정말 아무것도 아닌 것도 놀이가 되고 아이에게는 제일 재미있는 시간이 된다. 아이들 얼굴을 보면서 눈(eyes), 코(nose), 귀(ears), 입(mouth) 놀이도 할 수 있다. 처음 시작할 때는 아이에게 먼저 눈이 어디 있는지 코가 어디 있는지 연습 후, 엄마 아빠와 같이 놀이를 하는 것이다. 한 사람씩 신체 부위를 영어로 말하고 상대방은 자신의 신체 부위를 찾는 것이다. 세 명이서 할 때는 한 명이 말하면 자기 코와 상대방의 코를 동시에 잡아야 한다. 계속 반복해서 하고 웃다가 보면 다들 코가 딸기코가 되어 있다. 이렇게 아이들과 신체 접촉을 하다 보면 아이들과 부모와의 관계도 더 좋아진다.

집에서 아이와 즐겁게 할 수 있는 놀이 중 한 가지를 더 말하자면 포스트잇을 활용한 놀이이다. 포스트잇에 그림을 그리거나 단어를 써서 엄마가 말하는 그림이나 단어를 찾으면 된다. 나이가 어린 아이들은 그림이 그려진 포스트잇을 활용하여 단어를 말하면 찾게 하고, 글자를 아는 아이는 단어가 써진 포스트잇을 찾게 하면 된다.

그리고 난 후 자신이 찾은 포스트잇을 얼굴에 붙여놓고 5개 정도 찾으면 모든 포스트잇을 얼굴에 붙인다. 그리고 손을 사용하지 않고 10초 동안 얼굴에서 포스트잇이 떨어지게 하는 게임이다. 아이와 엄마 아빠가 돌아가면서 해도 되고 동시에 해도 된다. 얼굴이 못생겨져야 이길 수 있는 게임이다. 게임하는 동안 웃다가 배꼽이 빠질지도 모른다. 이렇게 즐겁게 웃고 떠들다 보면 어느새 10분은 또 금방 지나가버린다.

아이들과 영어로 노는 것을 두려워하지 말고 엄마 아빠가 해줄 수 있는 쉬운 놀이로 함께 하면 된다. 숫자 세기, 과일 이름 말하기, 동물 이름 말하기, 가족 구성원 이야기하기 등등 다양한 주제를 찾아서 같이 놀면 된다. 아이들은 놀이 자체를 좋아하고 즐거워한다. 아이들은 엄마 아빠의 영어 실력을 테스트하지 않는다. "Don't worry." 일상생활에서 자주 접하는 내용에 영어를 조금씩 양념으로 넣어서 놀면 그것이 바로 놀이 영어가 되는 것이다. 우리는 양념을 넣어서 아이가 맛있게 먹을 수 있도록 도와주면 된다. 놀이 영어 참 쉽다!

08

아이를 위한 최고의 영어교육은 '놀이 영어'다!

"That's my boy! 역시 우리 아들이야!"

10년 동안 아이들과 영어 현장에 있으면서 정말 재미있게 수업을 한 것 같다. 날마다 아이들을 만나기 위해 수업을 준비하고 교구를 만들고, 재미있는 요소가 뭐가 있을까 늘 고민했다. 꾀꼬리 같던 내 목소리는 아침에 일어나면 쉬어 있고 걸걸해져 있었다. 하지만 신기하게도 수업이 시작되면 나는 다시 꾀꼬리 같은 목소리로 수업을 했다. 정말 신기한 일이었다. 아이들은 늘 내가 가면 반겨주고 너무 좋아해줘서 에너지가 계속 솟아났다.

대부분의 어린이집과 유치원에서는 학기 중반 정도에 학부모 참여 수업을 한다. 아이들이 어떻게 영어 공부를 하고 있는지 보여주는 기회라고 할 수 있다. 4세부터 7세까지 아이들이 영어 공부하는 모습을 볼 수 있다. 부모님들은 잔뜩 기대하고 아이들을 보러온다. 아이들은 엄마 아빠 앞에서 전혀 긴장하지 않고 평소처럼 수업을 한다. 하지만 부모님들은 엄청 긴장을 한다. 왜냐면 내가 부모님들을 수업 시간에 게임도 시키고 단어도 말해보게 한다. 그래서 다들 긴장하는 것 같았다.

엄마 아빠가 실수하면 아이들은 엄청 웃고 재미있어 한다. 재미있는 발음을 시켜보기도 하고 춤을 춰보라고 시키기도 한다. 참여 수업 시간은 공부 시간이라기보다는 아이와 부모님이 함께 즐기는 시간이라고 하는 것이 맞을 것이다. 수업이 끝나면 부모님들이 오히려 재미있었다며 이야기하고 가신다. 아이들 수업을 보러 왔다가 부모님이 더 즐기고 가는 시간이었다.

즐겁고 재미가 있으면 실수해도 그냥 웃고 넘어간다. 재미가 있으면 실수가 오히려 재미있는 요소가 된다. 부모와 아이들이 함께 놀 때를 생각해보면 아이도 실수할 때가 있고 엄마도 실수할 때가 있다. 부모들은 완벽한 원어민들의 발음을 할 수도 없고 완벽한 문장으로 아이들을 가르칠 수도 없다. 하지만 완벽하지 않아도 그 속에 재미와 즐거움이 있다면 다른 것들은 아무런 문제가 되지 않는다. 아이들이 친구랑 놀 때 그 친구가 실수한다고 해서 놀이가 재미없다고 하지는 않는다. 재미만 있으면 실수는 아무것도 아니다. 영어를 배울 때는 실수를 해야 더 재미가 있는 것 같다. 상대방의 실수는 나의 기쁨이라고 했던가?

단어를 외우고 듣기 연습을 하고 문장을 외우며 시험을 보는 영어를 유아들에게 시킨다면 과연 할 수 있을까? 할 수는 있겠지만 당연히 어렵다. 시중에는 아이들을 위한 영어 관련 교재들이 정말 다양하게 많이 나와 있다. 아이들 영어를 어떻게 시작해야 할지 몰라서 일단 교재부터 사는 부모님들이 많이 있다. 교재에 나와 있는 내용대로 아이와 공부하다 보면 아이는 슬슬 흥미를 잃어갈지도 모른다. 날마다 정해진 양의 학습지를 풀어야 하고 틀린 문제를 다시 풀다 보면 아이들은 점점 영어가 공부라고 여기고 영어를 멀리하게 될 것이다.

부모들은 영어 교재 및 고가의 동화책을 한꺼번에 구입하기도 한다. 교재를 사고 책을 구입하는 것이 잘못된 것은 아니다. 하지만 한꺼번에 사서 책장에 놔두고 아이에게 빨리빨리 읽으라고 닦달할 것이 뻔하다. 얼른 읽는 것이 중요한 것이 아니라 그 책을 어떻게 활용하느냐가 중요하다. 하지만 대부분의 부모들은 어떻게 활용할 것인가에 관해서는 별 관심이 없고, 아이가 잘 읽기만을 바라고 있는 것 같다. 책 한 권을 가지고 아이와 읽을 수 있는 시간은 1분이 될 수도 있고 30분이 될 수도 있다. 비싸게 주고 산 동화책을 1분 만에 끝내고 책장 속에 그냥 다시 넣어둘지는 엄마의 몫이다.

한번은 수업 시간에 과자 먹기 게임을 한 적이 있었다. 4세 아이들과 5세 아이들 수업이었다. 이날은 양파 맛이 나는 링처럼 생긴 과자를 활용해서 수업했다. 아이들은 아직 한글도 잘 모르고 또박또박 말하는 것도 어렵다. 4세, 5세 아이들이 알파벳을 공부한다는 것은 한글 못지않게 어려운 일이었다. 하지만 아이들은 과자를 좋아한다는 점을 활용했다. 긴 막대에 알파벳을 붙여놓고 그 밑에 줄을 길게 만들어서 과자를 걸어놓았다. 아이들은 과자를 먹기 위해 초집중을 해야만 했다. 우리가 어릴 때 '과자 따먹기' 놀이를 응용한 것이다.

알파벳 카드를 보여주고 난 뒤 막대에서 해당 알파벳을 찾고, 해당 과자를 입으로 따서 먹으면 된다. 아이들은 알파벳 글자보다는 과자에 더 관심이 있었다. 하지만 집중하지 않으면 과자를 먹지 못한다는 것을 잘 알고 있었다. 한 명씩 시키기도 하고 두 명을 동시에 시키기도 했다. 아이들은 친구를 응원해주고 박수도 쳐주고 너무나 진지하면서도 즐거워했다. 과자 하나로 친구들과 우정도 생기고 알파벳과도 친해졌다. 아마도 4세 반 아이들은 알파벳은 맛있는 글자라고 생각할 것이다. 알파벳을 즐거운 놀이로 배운 것이다.

성공적인 수업은 아이들이 '한 번 더 해요.' 하면서 앵콜을 외칠 때다. 나 역시도 아이들의 바람처럼 한 번 더 하고 싶지만 다음 시간에 하기로 약속하고 겨우 수업을 마친다. 프로들은 원래 그렇게 한다. 우리가 '앵콜'을 언제 외치는지 생각해보자. 가수가 노래를 못 불렀는데 '앵콜'이라는 말이 나오는지. 절대 '앵콜'이란 말은 나오지 않을 것이다. 하지만 가수가 노래를 잘하고 심지어 유명한 가수가 부른다면 누가 시키지 않아도 '앵콜'을 외친다. 아이들도 수업이 재미가 없다면 '앵콜'을 외치지 않았을 것이다. 아이들에게 나의 인기는 식을 줄 몰랐다.

"아이들이 놀이 위주로만 수업하면 영어가 늘까요?" 하고 물어보는 부모들도 있다. 아직 우리 아이들은 어린데 초등학생, 중학생처럼 공부하기를 바라는 것일까? 4세부터 7세 아이들은 이제 막 영어를 배우는 새싹들이다. 이제 겨우 물을 주고 조심조심 다치지 않고 예쁘게 잘 자라도록 영양분을 주고 있다. 그런데 부모들은 우리 아이들이 금방 어른이 될 수 있는지 물어보는 것과 무엇이 다를까? 아이들이 제일 좋아하는 것은 무엇일까? 바로 노는 것이다. 아이들에게 놀면서 배우게 해주는 것이야말로 영어를 배우는 최고의 방법이다.

아이들과 수업을 하다 보면 결과를 중요하게 생각하는 어린이집 원장님들을 만나기도 한다. 아이들이 영어로 말을 더 잘했으면 좋겠다는 말씀을 하셨다. 바로 빨리빨리 원장님이셨다. 이제 막 태어난 아기에게 걸어서 엄마한테 가라고 하면 가능할까? 4세 아이들에게 7세 아이의 수준을 요구한다면 얼마나 힘들어할지 생각만 해도 숨이 막힌다. 어른들은 과정을 모두 생략하고 빠른 결과를 보려고 한다. 어른들은 결과를 중요시하는 분위기 속에서 자라왔기 때문에 어쩔 수 없다는 생각이 든다. 과정이 없다면 결과는 없는데 말이다. 즐거운 과정을 거치면 즐거운 결과가 나온다는 것을 왜 모르는 걸까?

영어 선생님들도 정기적으로 교육을 받기 위해 본사 교육에 참여한다. 나는 내가 속해 있는 지역 '헤드티처'(Head teacher) 대표로 전국에서 온 교사들에게 시범 수업을 한 적이 있었다. 헤드티처는 일반 선생님들을 교육하는 선생님이라고 보면 된다. 이때에도 나는 재미있는 수업을 준비했고 재미있게 수업을 했다. 수업이 끝난 뒤 본사 팀장님이 나에게 이렇게 말했다. "같이 전국 순회공연 다닙시다." 하고 말이다. 그냥 하는 말일 수도 있지만 그 당시 나에게는 최고의 칭찬으로 들렸다. 어른들도 재미있으면 아이들처럼 똑같다. 재미가 있으면 박수가 나오게 되어 있고, 순회공연도 다닐 수 있는 것이다.

나는 아이들을 가르치는 동안 재미없는 수업은 의미가 없다고 생각했다. 그래서 늘 아이들을 즐겁게 해주기 위해 노력했고, 아이들을 웃기게 해주기 위해 노력했다. 밤늦게까지 교구를 만들고 수업 준비를 했다. 아이들은 나의 노력을 감사하게도 알아주고 함께 즐겁게 공부했다. 아이들 입에서 영어가 술술 나오고 단어를 많이 알고, 책을 잘 읽는 것도 중요하다. 하지만 아이들은 재미있는 영어 선생님과 즐거웠던 그 순간을 기억할 것이다. 영어 시간은 너무나 즐거웠다고 말이다.

최고의 교육이란 최고의 선생님이 최고의 가르침을 주어 최고의 결과물이 나오는 것이라고 생각한다. 그럼 이번엔 이렇게 바꾸어서 한번 읽어보자. 재미있는 선생님이 재미있는 가르침을 주어 재미있는 결과물을 만든다. 뭔가 다른 느낌이 드는 이유는 무엇일까? 나는 아이들을 최고로 키우는 것도 훌륭하다고 생각하지만, 아이들을 재미있게 키워 재미있는 결과를 내는 것도 훌륭하다고 생각한다. 예전엔 나도 아이들이 공부를 잘하는 것이 제일 중요하다고 생각했고, 내 자녀를 키울 때 공부를 잘하는 아이로 키워야겠다고 생각했다. 하지만 지금은 생각이 바뀌었다. 이제는 아이가 배우고 싶어 하는 것을 즐겁게 하기를 바란다. 행복한 아이가 되었으면 좋겠다는 생각이 더 많이 드는 요즘이다.

2장

놀이를 통해
배우면
가장 즐겁다

01

영어는 무조건 즐겁게 배워야 한다

"That's my girl! 역시 우리 딸이야!"

아이들 노래 중에 '즐겁게 춤을 추다가 그대로 멈춰라'라는 노래를 들어보았을 것이다. 그 가사처럼 아이들은 즐겁게 춤을 추다가 멈춘다. 그런데 춤을 출 때 자세히 보면 아이들은 막춤을 추는 것을 볼 수 있다. 남자아이들 같은 경우에는 태권도 하는 것처럼 춤추는 아이, 엉덩이를 흔드는 아이, 로봇처럼 춤추는 아이, 정체를 알 수 없는 춤을 추는 아이, 모두 제각각 자기가 추고 싶은 춤을 추다가 멈춘다. 여자아이들도 별반 다르지 않고 비슷하게 각자가 추고 싶은 춤을 추다가 멈추는 것은 비슷하다. 즐겁게 춤을 추라고 하니까 아이들은 자기의 개성과 성향대로 춤을 추었다. 본인의 즐거운 느낌을 자연스럽게 그대로 표현했다. 이것이 바로 진정한 즐거움이다.

우리는 아이에게 영어 공부를 시키기 위해 좋은 동화책도 사놓았고, 신나는 CD도 사놓았고, 재미있는 DVD도 사놓았다. 모든 만반의 준비를 완벽하게 하고 아이와 영어 공부를 시작해 보려고 하는데 아이는 싫다고 하면, 이건 정말 상상하기도 싫은 일이다. 그런데 왜 항상 현실이 될까? 아이의 관심사와 성향을 무시하고 엄마가 사고 싶은 것을 잔뜩 사서 아이에게 공부하자고 갑자기 덤비니 아이가 무섭지 않을까?

아이가 즐겁게 춤을 추게 하려면 일단 아이의 마음이 서서히 열릴 때까지 엄마가 기다려주어야 한다. 3월 초에 새로운 어린이집에 첫 영어 수업을 하러 가면 아이들은 나를 말똥말똥 쳐다만 본다. 인사를 해도 인사도 잘 안 하고 마치 나를 외계인 보듯이 한다.

"Hello, everyone!"
아이들 반응이 없자 나는 다시 인사한다.
"Is anybody here?" "Hello~!"
반응이 없으니 나는 다시 인사했다.
"안녕하세요~♪~ Hello~!" 리듬을 타듯 인사했다.

그제야 아이들은 수줍게 "Hello." 하고 인사한다.

한 아이는 "왜 선생님은 영어로 말해요?" "우리 선생님은 영어로 안 하는데……." 이렇게 말하기도 했다.

"나는 영어 선생님~ ♪, Nana~."

이번에도 리듬을 타듯 인사했다.

"Please, call me teacher Nana~."

내 영어 이름은 Nana였다.
아이들은 이제야 조금씩 마음을 열고 영어 선생님의 존재를 인정하고 인사를 했다.

엄마와 아이는 새로운 것을 시작할 때 아이의 마음이 열리도록 함께 가볍게 인사부터 시작하는 것이 좋다. 아침에 일어나서 "Good morning!" 하고 인사부터 시작하는 것이다. 그리고 아이들이 등원할 때 "Have a good day!"라고 인사하자. 맨 처음에는 어색하지만 하다 보면 자연스럽게 말할 수 있다. 그러면 즐거운 영어를 시작할 수 있다. 시작이 어렵게 느껴질 뿐이지 하다 보면 조금 더 자연스럽고 능청스럽게 할 수 있다. "Good morning, baby."

엄마가 직접 아이들을 가르치는 '엄마표 영어'는 대부분 동화책을 많이 읽혀서 아이가 책을 잘 읽으면 영어 실력이 늘고 있다고 생각한다. 더 단계가 높은 책을 아이가 읽기 시작하면 엄마는 아이의 실력이 엄청나게 올라갔다고 생각하며, 더 많은 책을 사서 아이에게 읽도록 할 것이다. 물론 아이가 그림책을 벗어나 글자 수가 많은 글을 읽는다면 정말 대단한 일이다. 하지만 대부분의 평범한 아이들은 그렇지 못한 경우가 훨씬 더 많다. 우리는 성공한 아이들의 이야기만 들어왔고 잘하는 아이들의 모습만 보았기 때문에, 평범한 엄마들은 그들의 이야기를 듣고 좌절감을 느꼈을지도 모른다. '엄마표 영어'에 나오는 아이는 저렇게 잘하는데 우리 아이는 왜 책을 싫어할까! 영어 잘하는 아이는 우리 아이 빼고 왜 이렇게 많은 걸까!

평범한 엄마도 잘할 수 있다. 평범한 엄마라고 못하라는 법은 없다. '놀 땐 놀고 공부할 땐 공부하자.' 말고 '놀 땐 놀고 공부할 때도 놀면서 하자.' 이렇게 바꾸어 보면 어떨까? 요즘은 카페에 가보면 젊은 학생들이 공부하고 있는 모습을 많이 보게 된다. 아니 학생이 공부를 도서관에서 해야지 음악 소리가 쩌렁쩌렁 울리고 사람들 이야기 소리가 들려서 어떻게 공부가 될까 하는 생각이 들었다. 그런데 요즘 학생들은 조용한 집과 도서관 놔두고 일부러 카페에서 공부한다는 것이다. 공부가 또 완전 잘된다니 거참 이해할 수가 없었다. 하지만 이것이 자신의 공부 스타일이다.

내가 원하는 것이 제일 즐거운 법이다.

영어책 읽기 말고도 영어 공부를 하는 방법은 많이 있다. 또 더 즐겁게 하는 방법 역시 다양하다. 어릴 때 영어책을 잘 읽고 못 읽고가 중요한 것은 아니다. 정말 재미가 있어서 읽고 있느냐가 더 중요하다. 억지로 시키면 나중에 분명히 아이들에게 더 무서운 일이 일어날 것이라고 했던가? 나중에 영어책을 거부하는 아이들도 생기기 때문이다. 부모의 말을 잘 듣는 아이들은 시키는 대로 잘 따르는 경향이 있다. 그래도 아이가 책을 읽을 때는 혼자 읽도록 하는 것보다 부모가 함께 참여해서 읽어주는 것이 좋다. 그리고 아이가 책을 읽을 때 흥미가 있는지 살펴보면서 읽으면 좋다.

엄마나 아빠 혼자서 원맨쇼를 하는 것은 두 글자로 '욕심'이다. 욕심이 과하면 모든 일을 망친다. 욕심을 버리고 우리가 한글책을 읽어줄 때처럼 즐겁고 편하게 읽어주자. 아이와 사소한 부분까지 이야기하면 분명 아이는 자신이 좋아하는 내용을 자연스럽게 이야기할 것이다. 그때를 놓치지 말고 맞장구를 쳐주면 좋다. '맞다, 네 말이 맞다.' '그랬구나.' 하며 부모가 적극적인 모습을 보여주면 아이는 함께 책 읽는 시간을 기다릴 것이다.

어린이집 영어 수업 시간에 책을 읽어주는 시간이 있다. 바로 storytelling 시간이다. 그날은 20분 수업 시간 중에서 10분~15분 정도 책을 읽고, 나머지 시간은 함께 주고받고 대화를 나눈다. 이야기를 잘 듣고 집중한 아이들은 내용을 잘 이해하고 물어보면 손을 들어서 말한다. 요새 아이들 수업은 대부분 전자칠판을 활용해 수업이 이루어진다. 전자칠판을 터치하면 동화 내용이 다음 장으로 넘어간다. 수업에 잘 집중하고 잘 듣는 아이에게는 앞으로 나와서 다음 장을 넘기도록 기회를 준다. 아이들은 영어 선생님처럼 해보고 싶어 한다. 선생님처럼 앞에 나와서 책장을 넘겨보고 싶어 하는 아이들이 많다. 아이들과 책을 읽는 storytelling 시간에는 직접 동화책을 가지고 읽어주고 또 한 번은 전자칠판을 이용해서 읽어준다. 두 가지 다 같은 내용이지만 다른 느낌으로 다가온다. 책은 책대로 재미있고, 전자칠판은 전자 칠판대로 재미가 있다. 책장을 한 장 넘기는 것이 아이들에게는 얼마나 대단한 일인지 앞에 나와서 선생님처럼 칠판을 한 번 터치 하고 싶어 한다. 그날 책장을 못 넘겨본 아이들은 부러운 눈빛으로 선택받은 친구를 바라본다. 그 심정을 알까? 아이들이 집에서 책장을 많이 넘기게 해주자!

중학교 때 음악 선생님은 장조와 단조를 우리에게 가르쳐주었다. 쉽게 외우는 방법이 있다면서 '살아가마' 이것만 알면 된다고 했다. 음악 선생님은 엄청 키가 크고 까만 오토바이를 몰고 학교로 출근했다. 등굣길에 선생님 오토바이가 지나가면 손을 흔들어주었던 기억이 난다. 다른 선생님은 기억이 안 나는데 음악 선생님은 딱 이렇게 두 가지로 기억이 난다. '오토바이'와 '살아가마'. 살아가마는 사장조 라장조 가장조 마장조를 말한다. 오선지에 #이 한 개 있으면 사장조, #이 두 개 있으면 라장조 이런 식으로 장조를 쉽게 생각나도록 알려주신 것이다. 그래서 지금까지도 장조는 음악 선생님 덕분에 잘 기억하고 있다.

즐겁게 배운 기억은 오랫동안 기억 속에 머물러 있다. 많은 것을 배운다고 모두 다 기억하는 것이 아니라 즐거운 마음으로 배운 것이 끝까지 기억 속에 머물러 있는 것이다. 아이들에게 즐거운 기억을 선물하자. 즐거운 기억이야말로 오랫동안 머릿속에 남게 되고, 앞으로 할 영어 공부를 웃으면서 할 수 있다. 아직도 한참 갈 길이 멀다. 아이들은 앞으로도 긴 싸움을 해야 한다. 지금부터 반창고 파스 붙여 가면서 할 필요는 없다. 부모가 할 일은 아이가 즐거운 기억을 가지고 무조건 즐거운 영어를 하도록 도와주는 것이다. 책을 읽든지, 노래를 부르든지, 영화를 보든지 아이가 즐겁다면 그게 맞는 것이다.

02

아이가 좋아하는 놀이로 영어를 시작하라

"You're doing very good! 잘하고 있구나!"

우리 아이는 4살이 되면서부터 대형 마트에 가면 눈에 보이는 장난감은 다 사달라고 떼를 쓰기 시작했다. 그전에는 엄마가 안 된다고 하면 그런 줄 알았는데, 4살부터는 떼를 쓰고 고집을 부리면 사준다는 것을 알아버렸다. 할 수 없이 아이의 장난감을 하나씩 하나씩 사서 모으다 보니 장난감으로 집이 가득 차기 시작했다.

남자아이라서 장난감들이 부피도 더 크고 위험하게 보이는 것들도 많았다. 장난감 칼은 넘쳐나고 뽀로로 야구방망이, 야구 글러브, 화살, 레고, 공, 종류별로 가득한 자동차며 그나마 제일 작은 것이 팽이였다. 장난감 가게가 따로 없다. 하나라도 안 보이면 큰일 난다. 내 소방차 어디

있냐며 물어보며 어디 있는지 확인한다. 아이는 자기가 좋아하는 장난감들을 차곡차곡 모아두고 기억하고 있었다.

아이가 레고를 한참 좋아해서 같이 집도 만들어보고 마트도 만들어보면서, 누가 살고 있는지 물어보고 뭘 타고 갈까 이야기하면서 레고 놀이를 했다. 레고 놀이를 할 때는 색깔(Color)에 관해 이야기하면 좋다. 아이도 마침 색깔을 하나씩 배워가고 있는 중이어서 이야기 나누기 좋은 주제였다.

"엄마, 이거 파란색이지?"
"응 맞아. 파란색 Blue."

"엄마, 이거 노란색이지?"
"응 맞아. 노란색 Yellow."

"엄마, 이거 자동차 타고 가자."
"응. 자동차 타고 가자 부릉부릉 Car."

이렇게 레고 놀이를 할 때 아이가 질문하면 자연스럽게 엄마가 간단한 단어로 이야기해주는 것도 좋다. 반복해서 놀이할 때 단어를 말해주면 아이는 자연스럽게 조금씩 알게 된다.

"엄마, 이거 블루(Blue)지?"
"Yes, it is blue."

"엄마, 이거 엘로우(Yellow)지?"
"Yes, it is yellow."

영어 발음을 할 때 엑센트까지 넣어가며 'Yellow'라고 말하니 더 사랑스럽다.

아이들은 궁금하면 질문을 잘한다. 그것은 바로 관심이 있다는 것이다. 아이의 계속되는 질문에도 지치지 말고 대답해주자. 그러면 그 아이는 질문하기 대장이 될 것이고, 질문에 대한 대답도 듣고 지혜가 무럭무럭 자라날 것이다. 엄마가 '이제 그만 물어보세요~.' 또는 '이제 그만~.' 이라고 하는 순간 아이는 질문하는 횟수가 줄어들 것이고, 조용한 아이로 변해 버릴 수도 있다. 평상시 아이에게 쫑알쫑알 말을 하게 해주고 엄마는 기꺼이 대답을 해주자. 아이의 궁금한 마음을 우리가 귀찮다고 외면하지 말자.

뽀로로를 싫어하는 아이는 아마 한 명도 없을 것 같다. 마침 우리 집에 뽀로로 인형이 두 개 있어서 하나를 내 수업 교구로 사용하기로 하고 뽀로로를 수술(?)했다. 아니 뽀로로를 수술한다니 무슨 일인지 궁금할 것이다. 뽀로로의 모자를 떼어내고, 뽀로로 안경, 뽀로로 눈, 뽀로로 입, 뽀로로 노란 가방을 모두 떼어내었다. 뽀로로가 유령이 되었다. 아이들과 뽀로로로 수업할 생각을 하니 너무 재미있을 것 같았다. 내 예감은 딱 맞았다. 교구 가방에서 뽀로로를 꺼내서 보여주었더니 아이들은 비명을 지르고 난리가 났다. 뽀로로에게 무슨 일이 생겼냐고……. "Oh! No~."

뽀로로를 가방에서 꺼내서 뽀로로의 뒷모습을 보여주었더니 아이들 표정은 '음~뽀로로구나.' 하고 생각하고 있었다. 하지만 뽀로로를 앞으로 돌린 순간 비명 소리가 들렸다. 뽀로로가 정상이 아니었던 것이다. 이제부터 뽀로로 살리기 게임이 시작되었다. 내가 가지고 있는 교구 중에서 마술상자(Magic Box)가 있었다. 그 마술상자에 사라진 뽀로로의 모자, 안경, 가방, 눈, 입을 넣어 두었다. 상자 속에 손을 넣어서 뽀로로 안경을 찾으면 뽀로로에게 씌어 주면 되는 게임을 시작했다. 뽀로로를 살리기 위한 아이들의 노력으로 뽀로로는 무사히 원래대로 돌아올 수 있었다.

마술상자(Magic Box) 속에는 뽀로로의 물건이 아닌 것도 들어 있기 때문에 뽀로로의 물건을 찾은 사람만이 뽀로로에게 줄 수 있었다. 뽀로로 안경은 노란색 안경인데 빨간색 안경을 꺼냈다면 뽀로로에게 줄 수 없었다. 이런 식으로 몇 번의 반복을 하고 난 뒤 게임은 끝났다. 아이들은 뽀로로 게임을 통해서 배웠던 단어를 복습할 수 있었다. 아이들은 복습이란 말의 뜻을 모른다. 조금 더 크면 알게 되겠지만 아이들은 너무나도 좋아하는 뽀로로하고 복습했다는 사실도 모른 채, 뽀로로를 원상복구 해서 기쁘다는 생각만 했을 것이다. 뽀로로는 나의 최고의 교구이다. 우리 아들은 뽀로로가 사라진 것도 모른 채 아마 잘 놀고 있을 것이다.

교구를 이용해서 아이들과 함께 놀아주면 아이들은 정말 좋아한다. '깃발게임'은 아이들에게 인기가 많았다. 특히 7세 아이들이 좋아해서 자주 활용하였다. 모든 주제를 다 활용할 수가 있어서 활용도가 아주 높은 교구였다. 한 사람이 두 개의 깃발을 가지고 게임을 한다. 만약 가족(family)에 관한 수업을 하고 난 뒤, 깃발에 가족 중 두 사람을 붙여놓고 선생님이 말하는 사람이 붙어 있는 깃발을 들면 되는 게임이었다. 깃발을 잘못 들면 바로 탈락이다. 7세 반 아이들 모두 할 수 있는 재미있는 게임이다.

예전에 '청기 올려 백기 올려' 게임을 응용한 것이다. 두 팀으로 나눠서 하면 팀 대표가 한 명씩 나오는데 기 싸움이 장난이 아니다. 이렇게 쉬운 게임을 질 수 없다며 승부욕이 불타고, 응원 또한 교실이 떠나가라고 친구 이름을 외쳤다. 7세 아이들은 그야말로 열광한다. 수업 시간이 다 끝나가면 다음 시간에 다시 하자고 약속하고 수업을 마치는 경우가 많았다.

아이들은 각자 모두 성향이 다르고 잘하는 것도 다르고 좋아하는 것도 다르다. 나는 아이들과 단체 수업을 했기 때문에 일일이 한 명 한 명 다 꼼꼼히 가르친다는 것은 사실 힘든 일이었다. 대부분 아이들은 이렇게 신나게 수업에 참여하는데 그 속에서 잘 어울리지 못하는 아이들도 분명 있다. 조용한 스타일인 것이다. 말수가 적고 조용한 아이들이다. 이런 아이들은 워크북(Workbook)을 하는 시간에 두각을 나타낸다. 조용히 문장을 쓰고 워크북 문제를 다른 아이들보다 빨리 더 잘 풀어낸다.

노래하고 율동만 하면 좋아하는 아이들도 있다. 이 아이들은 노래만 나오면 방방 뛰고 땀을 뻘뻘 흘리며 정말 열심히 한다. 마치 오디션 현장에서 합격하기 위해 열심히 경쟁하는 참가자처럼 말이다. 이렇게 아이들이 다양하다 보니 나 혼자서 20명이 넘는 아이들을 짧은 시간에 집중시키는 일은 쉽지만은 않았다. 오랫동안 하다 보니 요령도 생기고 노하우가 쌓여서 아이들을 확 휘어잡는 것뿐이다.

부모는 아이를 확 휘어잡을 수 있어야 한다. 무섭게 하라는 말이 아니라 내 아이의 마음을 읽을 줄 알고, 내 아이가 좋아하는 것을 바로 알아차려야 한다. 그게 바로 아이를 휘어잡을 줄 아는 부모다. 아이가 오른쪽 다리가 간지럽다고 하는데, 왼쪽 다리를 긁을 것인가? 아이의 간지러운 곳을 찾아서 시원하게 해줄 수 있는 부모가 되자.

"천재는 노력하는 자를 이길 수 없고, 노력하는 자는 즐기는 자를 이길 수 없다."라는 말이 있다. 모든 부모는 자식을 어릴 때 천재라고 잠시 생각도 한다. 한 개를 알려주면 몇 개를 아는 아이를 보면서 그런 생각을 한 번쯤 모두 해보았을 것이다. 모든 아이를 천재로 키울 수는 없다. 천재처럼 키우고 싶을 뿐이다. 우리는 우리 아이들을 즐기는 아이로 키우기를 꿈꿔야 한다. 엄마의 노력으로 공부를 즐기는 아이로 키우는 것이야말로 우리가 꿈꾸는 교육이라고 생각한다.

집에서 하는 영어 놀이 : 뽀로로 게임(Pororo Game)

뽀로로를 꺼내 아이들에게 보여주면서 대화를 시작한다. 반드시 뽀로로 뒷모습을 먼저 보여주면서 시작한다.

Mom : Look, look, look at this! 봐봐, 이거 봐봐!

　　　　What is this? 이게 뭘까?

Kid : This is Pororo. 뽀로로예요.

Mom : Really? Are you sure? 정말? 확실해?

Kid : Yes. 네.

Mom : Let's call Pororo! 뽀로로를 불러보자!

Kid : Pororo~ 뽀로로~

Mom : Oh, I can't hear you. Let's call him again!

　　　　아이, 안 들리네. 다시 불러보자!

Kid : Pororo~ 뽀로로~

뽀로로를 돌려서 앞모습을 보여준다. 깜짝 놀란 표정을 지어주기, 깜짝 놀라 뽀로로를 위로 던졌다가 잡기도 한다.

Mom : Oh no! This is not Pororo! 안 돼! 뽀로로가 아니야!

　　　 What happen to Pororo! Oh my god!

　　　 뽀로로한테 무슨 일이 일어난 거야! 세상에!

　　　 I am so sad! Poor Pororo. 정말 슬프다. 불쌍한 뽀로로.

　　　 Let's make Pororo. Can you help me?

　　　 뽀로로를 만들어보자. 도와줄래?

Kid : Yes, I can. 네, 할 수 있어요.

매직상자 속 뽀로로의 물건을 찾아서 뽀로로 만들어주기. 뽀로로의 안경(glasses), 눈(eyes), 입(mouth), 가방(bag), 모자(hat) 등등을 찾아서 완성하기. 다른 색깔의 뽀로로 물건을 넣어놓고 맞는 색깔을 찾게 한다. 뽀로로 안경을 뽀로로 얼굴에 붙여준다. 뽀로로 물건을 하나씩 찾아보기.

Mom : Let's find the Pororo's glasses. Is it green?

　　　 뽀로로 안경을 찾아보자. 초록색인가?

Kid : No. 아니요.

Mom : What color is pororo's glasses? 뽀로로 안경이 무슨 색이지?

Kid : It's yellow. 노란색이요.

Mom : Let's find the yellow glasses. 노란 안경을 찾아보자.

Kid : I found it. 찾았어요.

Mom : I don't think so. Try again. 아닌 것 같은데. 다시 해보자.

Kid : Here it is. 여기 있어요.

Mom : Great job! 잘했어!

03

엄마 위주가 아닌 아이 위주의 시간이 되어야 한다

"Nice job! 잘했어!"

요즘 자기주도학습이란 말이 유행처럼 퍼져서 사람들은 모두 자기주도학습이 중요하다고 말한다. 전문가들뿐만 아니라 학부모들도 자기주도학습을 해야 한다고 믿고 아이들에게 자기주도학습을 할 수 있기를 바라고 있다. 우리나라 대학 입시 제도는 자주 바뀐다. 나도 미래에 대학 입학할 아이를 두고 있으니 걱정이 안 되는 것은 아니다. 자기주도학습만 잘하면 걱정할 일이 없을 텐데 하는 생각이 든다.

과연 자기주도학습은 무엇인가? 사전적인 의미는 조금 딱딱하지만 살펴보자면 학습자 스스로가 학습의 참여 여부에서부터 목표 설정 및 교육 프로그램의 선정과 교육 평가에 이르기까지 교육의 전 과정을 자발적 의지에 따라 선택하고 결정하여 행하게 되는 학습 형태를 말한다.

과연 아이들이 사전적 의미처럼 자기주도학습을 잘해나갈 수 있을지 의문이 드는 것은 어쩔 수 없다. 아이들 스스로가 자신의 학습에 대해 모든 것을 주관하고 실행하는 것은 어렵다. 하지만 아이들이 자기 스스로 자신의 목표를 계획하고 실행할 수만 있다면 얼마나 좋을까? 부모가 시키지 않아도 스스로 자기주도학습을 할 수 있는 아이로 키우는 것은, 세상 모든 엄마들의 바람이다.

엄마와 아이가 같이 공부를 하든지 놀이를 하든지 대부분은 엄마가 원하는 대로 아이를 이끌어가려고 한다. 엄마가 원하는 교재를 사고, 엄마가 원하는 선생님에게 수업을 받고, 또 엄마가 원하는 학원을 보내고, 엄마가 정해놓은 틀 속에 아이를 넣어서 아이의 인생을 조종하고 있는지 약간은 무섭기도 하다. 나도 점점 무서운 엄마로 변해가고 있는지도 모르겠다.

우리 아들은 지금 초등학교 5학년이다. 벌써 사춘기가 오는 것 같다. 이마에는 여드름이 나고 목소리도 변성기가 오고 있고, 게임 하는 것도 좋아하는 영락없는 초딩 5학년이다. 요즘 우리 아들이 제일 관심 있는 분야는 바로 게임과 피아노 치기이다. 우리 아들은 나보다 훨씬 승부욕이 강한 것 같다.

한번은 자신이 자기 학교 5학년 중에 게임을 제일 잘한다고 자랑을 했다. 나는 무엇이든지 잘하면 일단 칭찬을 해준다. 그래서 우리 아들은 신이 나서 그 게임은 어떤 게임인데 이렇게 저렇게 해서 1등을 했다고 설명을 했다. 너무나도 진지했다. 공부할 때는 분명 저런 표정이 아니었는데……. 우리 아들은 '나 게임 잘해요.' 하는 표정으로 열심히 설명을 했다. 어쨌든 분명한 것은 우리 아들은 게임 하는 것을 좋아하고 게임을 잘한다는 것이다.

한번은 거실에 앉아 있는데 어디선가 키보드 치는 소리가 들렸다. 우리 아들은 초등학교 3학년까지 피아노를 배웠는데 4학년 때는 죽어도 피아노 학원에 가기 싫다며 피아노만 안 치면 다른 것은 다하겠다고 말했다. 사실 내가 피아노를 못 치니까 아들에게 엄마 한을 풀어달라고 피아노 학원을 보냈다. 나는 어릴 때 피아노 학원에 다닐 형편이 안 돼서 피아노를 배우지 못했다. 그래서 독학으로 피아노를 배우려고 키보드를 사서 연습도 했지만 쉽지가 않았다. 아들에게 한을 풀어달라고 했더니 아들에게 너무 큰 짐을 준 것 같아 미안했다. 더 이상 아들에게 피아노 이야기는 하지 않기로 했다.

그런데 어디선가 키보드 치는 소리가 예사롭지 않았다. 이것이 진정 내 아들이 치고 있는 멜로디인가 싶어서 아들 방을 살짝 들여다보니 키보드를 신나게 치고 있는 것이 아닌가. 아니 피아노는 절대 치기 싫다며 외치던 그 초딩 아들이 지금 키보드를 치고 있다니 믿을 수가 없었다. 우리 아들이 나에게 "엄마, 한번 들어봐요, 엄청 좋죠?" 하고 말했다. 깜짝 놀랐다. 정말 깜짝 놀랐다. 절대 피아노를 안 치겠다고 하던 아들이 멋있게 '캐리비안의 해적' 주제곡을 반주하고 있었다.

우리 아들은 다시 피아노 학원에 다니고 싶다고 했고 3학년 때까지 다녔던 학원에 다시 다니기로 했다. 아들은 혼자서 유튜브를 보고 연습을 했다고 했다. 이제 6학년에 올라가는데 지금까지 계속 피아노를 열심히 치고 있다. 내가 쓰던 오래된 키보드를 치고 있어서 최근에 디지털 피아노를 새로 사주었다. 아들은 밤만 되면 헤드폰을 끼고 미친 듯이 건반을 두드리고 있다. 정말 신기하다는 생각뿐이다.

아이들은 놀이터에서 노는 것을 좋아한다. 우리 아들도 어릴 때 놀이터에서 노는 것을 좋아해서 아파트 놀이터나 근처 공원에 가서 놀기도 했다. 미끄럼틀도 타고 시소도 타고 그네도 타고 한참 놀다가 모래 놀이를 시작했다. 모래 놀이가 오감을 자극하는 놀이라서 참 좋은 놀이인데 걱정부터 되었다. 아이 입속에 들어가면 어쩌나 옷 속에 모래가 들어가면 어쩌나 아이 눈에 들어가면 어쩌나 하고 슬슬 걱정되기 시작했다. 처음에는 얌전하게 놀더니 점점 모래를 위로 뿌리고 머리에다 뿌리고 신이 났다. 같은 아파트 앞 동에 사는 동갑내기 친구랑 같이 신나게 모래를 뿌리고 있었다. 내 예상대로 난리가 났다. 왜 엄마의 예감은 틀린 적이 없는 걸까? 이래서 내가 모래 놀이를 싫어했다.

나는 아이에게 모래 놀이를 안 시키려고 대형 마트에 있는 놀이 체험하는 곳에 데리고 갔다. 여기서는 '우리 아이가 우아하게 놀 수 있을 거야.' 하는 생각으로 아이와 함께 왔다. 그런데 웬걸 비눗방울 놀이가 기다리고 있었다. 모래 놀이는 저리 가라였다. 비눗물이 나를 또 힘들게 했다. 비눗방울 놀이 자체는 즐겁지만 비눗방울이 여기저기 묻고 미끄러지는 것은 더 싫었다. 내가 싫어하는 놀이를 우리 아들은 왜 이렇게 좋아할까? 엄마와 아이는 늘 평행선을 달리는 것 같다.

"우리가 무엇을 좋아하는지 어른들은 몰라요. 우리가 무엇을 갖고 싶어 하는지 어른들은 몰라요. 장난감만 사주면 그만인가요. 예쁜 옷만 입혀주면 그만인가요. 어른들은 몰라요. 아무것도 몰라요. 마음이 아파서 그러는 건데. 어른들은 몰라요. 아무것도 몰라요. 알약이랑 물약이 소용 있나요. 언제나 혼자이고 외로운 우리들을 따뜻하게 감싸주세요. 사랑해주세요.

우리가 무엇을 생각하는지 어른들은 몰라요. 우리가 무엇을 바라보고 있는지 어른들은 몰라요. 귀찮다고 야단치면 그만인가요. 바쁘다고 돌아서면 그만인가요. 어른들은 몰라요. 아무것도 몰라요. 함께 있고 싶어서 그러는 건데. 어른들은 몰라요. 아무것도 몰라요. 초콜릿과 놀이터가 소용 있나요. 언제나 혼자이고 외로운 우리들을 따뜻하게 감싸주세요. 사랑해주세요.”

어릴 때 이 노래를 들을 땐 몰랐는데 이 노래 가사가 왜 이렇게 슬프게 들리는지 모르겠다. 이 노래의 제목은 ‘어른들은 몰라요’이다. 내가 어릴 때 나는 엄마 아빠가 내 마음을 모른다고 생각했다. 그런데 지금은 내가 나를 모르겠다. 내가 어른이 되면 나는 아이들 마음을 잘 알아주는 멋진 어른이 될 거야 하고 다짐했었는데 내가 아이였을 때 어른이랑 별 차이가 없는 것 같다. 부모는 어른이라는 이유로 모든 것을 부모의 뜻대로 하려고 한 것 같다.

어른이라고 다 아는 것도 아니고 어른이라고 다 맞는 것도 아니다. 내 아이가 맞을 수도 있다. 아이의 선택이 아이에게는 가장 잘 맞는 선택일지도 모른다. 아이가 모래 놀이가 하고 싶다고 하면 시켜주고, 비눗방울 놀이가 하고 싶다고 하면 재미있게 같이 놀아주었어야 했는데 그러지 못했다. 아이는 분명 내 표정을 보았을 것이다. ‘엄마는 모래와 비눗방울을 싫어하는구나. 나는 재미있는데 엄마는 왜 싫어하지?'라고 말이다.

성경에서는 부모가 자녀를 사랑하는 마음에 대해서 이렇게 표현하고 있다.

"너희 가운데서 아들이 빵을 달라고 하는데 돌을 줄 사람이 어디에 있으며, 생선을 달라고 하는데 뱀을 줄 사람이 어디에 있겠느냐? 너희가 악해도 너희 자녀에게 좋은 것을 줄 줄 알거늘……."

아이가 원하는 것을 부모가 무조건 다 들어줄 수는 없지만, 적어도 우리 아이가 원하는 것이 무엇인지 정도는 아는 부모가 되자. 이제부터는 우리 아이의 관심사가 무엇인지 잘 관찰하고 살펴보고 아이가 좋아하는 것을 찾아보자. 온 집안을 난장판으로 만들더라도 우리 아이가 좋아한다면 과감히 해보자. 우리 아이를 위해서. "You can do it! Mommy!"

집에서 하는 영어 놀이 : 화장지 교구를 이용해 단어 기억하고 말하기

재료 : 화장지 교구, 단어카드/그림카드

단어 : apple, banana, pineapple, strawberry, watermelon, peach

화장지 교구를 이용해서 엄마가 말하는 단어를 기억해서 단어 찾기. 맛있는 과일이 휴지에 붙어 있다는 것이 재미있는 요소. 그림카드를 먼저 찾아보는 게임을 하고, 그림카드를 잘 찾으면 단어카드로 게임하기.

Mom : We have many fruits. And you remember them.

과일이 많네. 기억하고 있지?

Here is my toilet paper. You can see fruit cards.

여기 휴지 있어. 과일 카드 보이지?

Bring me the fruit card I told you about.

내가 말하는 과일 카드를 가져오렴.

Kid : Ok, mom. 네, 엄마.

Mom : Strawberry, apple, banana. 딸기, 사과, 바나나.

Kid : I found strawberry, apple, banana. 딸기, 사과, 바나나 찾았어요.

Mom : You are very good! 정말 잘하는구나!

04

놀이에 영어를 아주 살짝 넣어보라

"Well done. 잘했어!"

영어 수업을 하다 보면 대부분의 아이들은 영어로 말하는 것을 부끄러워한다. 평소에 우리가 쓰는 말이 아니다 보니 아이들이 어색해하는 것은 당연하다. 어른들도 영어 울렁증이 있는 사람을 쉽게 찾을 수 있으니까 말이다. 학기 초에는 아이들과 친밀감을 형성해야 하고 영어 선생님은 좋은 사람이란 걸 알게 해주어야 한다. 아이들은 나쁜 사람을 구별하는 방법을 날마다 선생님에게 배우고 있기 때문이다. 실제로 아이들과 좋은 관계를 유지해야 1년 동안 즐거운 수업 시간을 만들어갈 수가 있다.

Hello everyone, Nice to see you again.
Hello everyone, Good to see you again.

It's a beautiful day~.

It's a beautiful day~.

Hello Hello Hello Hello Hello~.

신나게 아이들과 'Hello song'을 부르고 자리에 앉아 인사를 나누면 또다시 어색해진다. 학기 초에는 아이들과 항상 이 어색함이 반복된다. 시간이 조금씩 지나면 언제 우리가 그런 사이였냐며 하겠지만 학기 초에는 항상 거의 비슷했다.

엄마가 아이에게 영어로 말할 때 부끄러워하지 말자. 엄마는 부끄러워서 시작이 힘들고 그런 엄마를 보면 아이는 더 부끄럽다. 가장 쉽게 할 수 있는 방법은 바로 아이와 책 읽기다. 책에 나와 있는 내용을 함께 읽으면 되니까 가장 쉽다. 그런데 가장 어렵기도 하다. 아니 도대체 쉽다고 했다가 어렵다고 했다가 어떻게 하란 말인가? 사실 이것이 알쏭달쏭하기 때문이다. 아이에게 책을 자연스럽게 잘 읽어주는 엄마도 있지만, 짧은 동화책 한 권에 쩔쩔매는 엄마도 있기 때문이다. 한 권의 책을 읽어주는 것이 신나는 일이 될 수도 있고, 머리가 지끈지끈한 일이 될 수도 있다.

영어 동화책을 읽어줄 때 한국말로 해석해줘도 되는지 물어보는 부모님들이 계신다. 나는 개인적으로 '한국말로 해석해서 읽어줘라.'에 한 표를 던진다. 한 권의 동화책을 읽는데 아이는 아무 의미도 모른 채 엄마 혼자서 빨리 읽고 끝내버리면 과연 우리 아이가 이해할 수 있을까? 아이는 이해도 안 되고 엄마는 마음만 바빠서 다음 책을 읽자고 하면 아이는 어리둥절할 것이다.

"Let's read a book. 우리 동화책 읽자."
"What's this? 어머, 이게 뭐야?"
"It's a pig. oink! oink! 돼지 이야기인가보다. 꿀꿀!"

이렇게 아이와 책 읽는 것을 시작하면 아이는 엄마 옆에 딱 붙어서 엄마의 이야기에 귀 기울일 것이다.

아이들과 수업을 하다 보면 내가 말을 제일 많이 할 수밖에 없는 상황이다. 일대 다수로 수업을 하고 있으니 어쩔 수 없이, 나는 말하는 사람이고 아이들은 듣는 사람이 되어버린다. 아이들은 거의 듣고 있는 경우가 많다. 아이들이 말을 많이 할 수 있도록 하는 방법은 같이 게임을 하는 것이다. 7세 아이들은 게임도 잘하고 질문에 대한 답변도 잘하는 편이다. 배운 내용을 바로바로 아웃풋(out put) 하도록 하는 방법은 게임이 최고인 것 같다.

세계의 여러 나라에 관한 수업을 한 적이 있었다. 각 나라를 영어로 말할 수 있도록 익힌 후 본격적으로 게임을 한다. 각 나라는 Korea, Japan, America, Canada, England, Egypt, China, India 등등 각 나라 이름을 먼저 배우고, 각 나라의 국기를 서로 매칭시켜서 게임을 한다. 여러 나라의 국기와 나라 이름을 잘 매칭시켜 말하면, 한 단계 높여서 문장을 만들어서 게임을 하기도 한다.

각 나라의 국기를 하나씩 보여주면 아이들은 대답한다. 7세는 게임을 빨리빨리 진행해야 신나고 더 재미있어한다. 천천히 하면 답답해하고 달팽이냐며 친구들을 놀려대기도 한다. 그리고는 깔깔대고 웃기도 하다가 게임 하다가 정신이 하나도 없다. 7세들의 스타일이다. 또 남자 대 여자로 대결을 하면 기 싸움이 어마어마하다. 응원 소리도 더 커지고 이긴 팀은 교실이 떠나가라고 좋아하며 기뻐한다.

놀이를 할 때 영어를 사용하는 것을 부담스러워 할 필요는 없다. 왜냐면 어려운 단어를 쓸 필요도 없고 긴 문장을 써서 할 필요도 없기 때문이다. 놀이에서 쓰는 영어는 간단하다. 멈출 때는 "Stop."이라고 말하면 되고, 다음 사람에게 순서를 알려줄 때는 "Your turn."이라고 말해주면 된다. 실제로 우리가 우리말로 게임을 할 때도 그렇게 어려운 말을 많이 쓰지 않는 것처럼 말이다. 엄마와 아이가 함께 놀 때도 "Let's play a game."

이라고 말하고 시작하면 된다. 아이가 게임을 잘하고 있다면 "Very good."이라고 해주면 된다.

아이들 놀이 중에서 '주먹 가위 보'(Rock-Scissors-Papers) 놀이를 잘 알고 있을 것이다. 아이들은 손으로 하는 놀이도 좋아하지만, 일어서서 다리로 모션을 만들어서 하는 게임도 좋아한다. 두 명의 친구가 앞으로 나오고 반 친구 모두가 'Rock-Scissors-Papers'를 외치면 두 친구는 다리로 모션을 만든다. 주먹(Rock)은 다리를 모으고, 가위(Scissors)는 다리를 앞뒤로 벌리고, 보(Papers)는 다리를 양옆으로 벌리면 된다. 게임에서 진 아이는 탈락을 하고 이긴 아이는 계속할 수 있다. 마지막에 남아 있는 사람이 마지막 우승자이다. 이 게임을 하면서 아이들은 강요하지 않아도 'Rock-Scissors-Papers'를 30번은 더 외친다. 놀이를 하지 않고 단순히 30번 외치라고 하면 웃으면서 할 수 있는 7살은 몇 명이나 있을지 모르겠다.

놀이에 영어를 약간만 넣어도 아이들은 재미있게 말하기 연습을 할 수 있다. 간단하게 반대말을 하는 게임을 할 수 있다. 먼저 크다(Big)와 작다(Small) 그리고 열다(Open)와 닫다(Close)를 사용해 게임을 할 수 있다. 한 사람이 "Big"이라고 말하면, 다른 한 사람은 당연히 "Small"이라고 말하면 된다. 마찬가지로 상대방이 "Open"이라고 말하면 다른 한 사람은

"Close"라고 말하면 된다. "Big"을 말할 때는 큰 동작을 하고, "Small"이라고 말할 때는 작은 동작을 한다. 그리고 "Open"이라고 말할 때는 눈을 뜨고, "Close"라고 말할 때는 눈을 감으면 된다. 어려운 단어는 하나도 없다. 아이들도 쉽게 잘 따라서 할 수 있는 단어를 사용해서 게임을 할 수 있다. 네 가지 단어의 뜻을 모두 알면 단어만 가지고도 이어서 말하기 게임을 할 수 있다. 상자 속에 네 가지 단어를 적은 카드를 넣어놓고 자신이 외치는 단어와 상자 속에서 뽑은 단어와 일치하면 점수를 받을 수 있다. 상자 속에 글자카드가 모두 사라지면 게임은 끝난다. 물론 단어카드를 더 많이 모은 팀이 이긴다. 7세 아이들은 이런 게임을 하면 아주 적극적이고 말하기도 자신감 있게 잘한다.

우리가 음식을 만들 때 음식에 어떤 양념을 하느냐에 따라서 맛이 달라진다. 매운 양념을 넣으면 매운맛이 나고, 설탕을 많이 넣으면 단맛이 난다. 아이와 놀이를 할 때도 매운맛을 넣어서 놀기도 해보고 단맛을 넣어서 놀기도 해보자. 매운맛과 단맛 말고도 세상에는 여러 가지의 맛이 있다. 아이들이 다양한 맛을 느낄 수 있도록 영어라는 양념을 넣어보라고 말하고 싶다. 양념을 잘 넣어야 맛있는 요리가 만들어진다. 놀이라는 요리에 영어라는 양념을 넣으면 아이가 자신도 모르게 영어가 튀어나오는 신기한 일을 경험할 것이다.

05

타이머로 10분을 맞추고 진행하라

"You're very nice! 정말 잘하네!"

어린이집과 유치원에서 영어 선생님에게 주어지는 시간은 대략 10분에서 20분 사이다. 4세와 5세는 10분, 6세 7세는 20분으로 정해놓고 수업을 한다. 4세와 5세는 10분이 넘어가면 힘들어한다. 이렇게 어린아이들은 집중할 수 있는 시간이 짧다. 6세와 7세는 집중력이 조금 더 길기 때문에 20분 동안 수업을 한다. 아이들은 집중력이 길지 않기 때문에 짧은 시간에 집중할 수 있도록 짧고 임팩트 있는 알찬 수업을 진행해야 한다. 신입 영어 선생님들은 짧고 알찬 수업을 하는 것이 조금은 서툴다. 그래서 항상 교육을 받고 교육받은 내용을 아이들에게 재미있게 지도하면서 베테랑 선생님이 되어간다.

내가 처음 유아 영어 강사를 시작할 때를 떠올려보면 정말 열심히 준비하고 연습하고 또 연습하고 연습했다. 그것도 아이들 앞에서 하는 것이 아니라 같은 선생님들 앞에서 시연 수업을 했다. 앞에 앉아 있는 선생님들을 아이들이라고 생각하고 수업을 하라는 것이었다. 처음 시작부터 너무 어색하고 생각했던 것도 잊어버리고 앉아 있는 베테랑 선생님들의 매서운 눈초리가 느껴지기도 했다. 일주일에 한 번씩 우리 회사 선생님들이 모두 모여 교육을 받고, 신입 선생님들은 모두 준비한 수업을 하고 피드백을 받아야 했다.

그야말로 심장이 두근두근 떨리고 얼굴도 빨개지고 손도 덜덜덜 떨리고, 생각했던 것도 다 잊어버리고 엉뚱한 이야기를 하고 있고, 지금 생각해도 정말 공포의 시간이 아닐 수 없었다. 신입 선생님 중에서도 간이 큰 사람은 이날 몸이 안 좋다며 결석을 하기도 했다. 나는 간이 작아서 결석은 생각하지도 못했다. 수업이 끝나면 피드백이 이루어진다. 한 사람도 빼지 않고 모두 피드백을 하기 때문에 나의 단점을 알 수도 있고 내 수업을 보완하는 좋은 기회는 틀림이 없었다. 그래도 항상 돌아오는 교육 시간은 긴장감 200배였다.

10분이라는 시간 동안 아이들과 영어로 수업한다는 것은 누구에게는 쉽지만, 또 다른 누구에게는 엄청 어려운 일일 것이다. 신입 교사 시절에는 수업 계획안을 만들고 그 계획안대로 수업을 한다고 하는데도 10분을 못 채우고, 준비한 내용이 끝나버려서 당황한 적도 있었다. 그래서 다시 반복해서 아이들과 수업하고 겨우 10분을 채우기도 했었다. 이러한 시절을 거치면서 다듬어지고 단단해져서, 몇 년 뒤에는 오두방정을 잘 떠는 베테랑 교사로 탈바꿈하게 되었다. 어린이집에서는 나 말고 다른 영어 선생님이 오면 안 된다는 원장님들도 계셨으니까 말이다. 참 고마우신 분들이다. 진짜를 아시는 분들이었다. 웃으면 안 되는데 피식 웃음이 나온다. 나의 병아리 시절이…….

10분 동안 할 수 있는 놀이는 다양하다. 노래를 배울 수도 있고, 책 읽기를 할 수도 있고, 게임을 할 수도 있고, 만들기도 할 수 있고 정말 다양하게 많다. 아이와 노는 것이 어색한 엄마와 아빠는 잠깐 놀아주는 것도 힘들어서 애 보는 것보다 일하는 게 더 쉽다고 하는 말을 듣게 되곤 한다. 당연히 아이들은 어른처럼 말을 잘 듣고 얌전하게 앉아서 부모의 말을 잘 듣지는 않는다. 그것은 말하지 않아도 부모님들이 더 잘 알 테니까 말이다. 나는 특히 4세와 5세 아이들과 수업하기 전에 예쁘게 앉아서 수업을 잘하는 사람에게는 멋진 선물을 주겠다고 말하고 시작한다. 그러면 아이들은 선물이란 말을 기가 막히게 잘 알아듣고 순식간에 아빠 다리 하고 바른 자세로 앉는다. 10분 동안 아이들은 너무 예쁜 수업 태도로 수업을 마친다. 선물은 바로 멋진 스티커였다. 10분을 유지하게 해주는 힘은 그리 어렵지 않다. 선물을 모두 손등에 붙여주면 너무 좋아서 웃으며 인사한다. "Good bye, Nana!~"

아이들과 같이 놀 때는 규칙을 정해놓으면 훨씬 노는 시간을 부담 없이 즐길 수가 있다. 오늘 하루 종일 아이와 놀아주어야 한다면 앞이 깜깜할 것이다. 하지만 10분만 같이 놀아주라고 하면 큰 부담 없이 진심으로 놀아줄 수 있다. 하지만 10분이 지나면 그 뒤부터는 시계를 자꾸 쳐다보게 될지도 모른다. 집에서 아이들과 놀아줄 때는 아이에게 미리 10분 동안 함께 놀 것이라고 말하는 것도 좋은 방법이다. 아이들에게 시계를 보면서 "우리 시계 바늘이 여기서부터 여기까지 놀 거야." 하고 말해주면 시간도 알려주고 약속도 지키는 법도 알려줄 수도 있다. 사소한 놀이에서도 아이들은 사회 규범을 배우게 된다는 사실을 알고 있을 것이다.

10분 동안 4세 아이들과 가족(family)에 대해서 수업하는 날이었다. 나는 커다란 자동차 교구를 가지고 교실에 들어갔다. 아이들은 크고 노란색 자동차를 뚫어져라 쳐다보았다. 아마도 아이들은 나보다 자동차를 더 반가워하는 것 같았다. 나의 계획대로 되고 있었다. 10분 동안 자동차만 있으면 그날 수업은 잘 마칠 수 있었다. 나는 구연동화를 시작했다. 할머니(grandmother), 할아버지(grandfather), 아빠(father), 엄마(mother), 형(brother), 여동생(sister)까지 지금부터는 내가 성우가 되면 된다. 모든 역할의 목소리를 내면서 가족에 대해서 배운다. 그것도 영어로 말이다. 수업이 끝날 때는 아이들에게 보고 싶은 엄마를 불러보자고 한다. 아이들은 모두 큰 목소리로 부른다. "Mommy, I miss you~!" 10분은 어느새 되었고, 나는 무사히 10분 수업을 마칠 수 있었다.

어린 아이들은 사실 지금 공부하고 있는 시간이 10분이 되었는지 20분이 되었는지 정확히 모른다. 선생님이나 엄마가 끝났다고 하니까 끝난 줄 아는 것이다. 수업이나 놀이가 재미있으면 10분이 너무 빨리 끝나는 것처럼 느껴진다. 그것은 당연한 것이다. 10분 동안 아이와 함께 놀아주어야겠다고 마음먹으면 부모 역시도 10분 동안 재미있게 놀아줄 준비를 해야 한다. 아무런 준비 없이 10분을 아이와 놀려면 뭔가가 허전할 것이다. 준비가 되어 있지 않으면 엄마도 아이도 소중한 10분을 대충 보낼 수밖에 없다.

아이와 함께 공놀이를 하려면 공을 준비하면 된다. 집에 굴러다니는 공이란 공은 모두 다 모아서 공놀이를 시작하면 된다. 공을 찾는 그 순간부터 놀이의 시작이라고 생각하고 시작해보자. 축구공, 농구공, 야구공, 탱탱볼, 탁구공, 기타 장난감 공 등등 모든 공을 다 모아놓고 아이와 둘이서 마주 앉아서 놀이를 시작해보자.

큰 바구니가 있으면 바구니에 넣어서 공이 굴러다니지 않게 하고 놀이를 하면 더 좋다. 아이와 함께 지금 우리가 찾아놓은 것이 무엇인지 물어보기도 하고, 가장 좋아하는 공은 어떤 공인지 이야기해본다. 그리고는 가장 큰 공은 어디에 있는지, 가장 작은 공은 어디에 있는지, 우리가 찾은 공은 모두 몇 개인지 세어볼 수도 있다. 다양하게 질문하고 답을 하며 놀이를 할 수 있다.

아이와 노는 사이에 공의 종류에 대해서도 알 수 있고, 크고 작고에 대해서도 알 수 있고, 숫자를 세는 방법도 배울 수 있다. 어느새 10분은 다 되었을 것이다. 아니 10분이 진작 지났을지도 모르겠다.

아이들은 먹는 것을 좋아한다. 그래서 아이들이랑 과자를 가지고 놀이를 하는 것도 좋다. 놀이가 끝난 후에는 간식을 먹을 수 있으니까 일석이조다. 동그란 모양의 과자, 네모난 과자, 세모난 과자, 길쭉한 모양, 문어 모양 등등 모양(shape)에 대해서 배우면서 먹으면서 놀이를 할 수 있다. 엄마가 말하는 모양을 찾으면 그 과자를 먹을 수 있도록 규칙을 정하면 마구잡이로 다 먹어치우지는 않을 것이다.

아이와 놀아주는 것에 대해서 부담을 갖지 말고 부모가 더 적극적으로 10분 정도의 시간을 잘 활용해보자. 아이들은 10분 동안 놀아주었는지 아닌지 확인하지 않는다. 재미있으면 30분도 하자고 할 것이다. 하지만 엄마 아빠는 너무 힘들 수 있다. 그럴 때는 아이에게 10분 동안 놀았으니 다음에 또 놀자고 할 수 있는 규칙도 만들 수 있다. 우리가 아이랑 일상 생활 속에서 놀 수 있는 방법은 무궁무진하다. 너무 고민하지 말고 10분 정도만 아이랑 놀아줄 힘을 남겨 두었다가 혼신의 힘을 다해 열정적으로 놀아주자. 10분은 엄마 아빠 생각보다 빨리 지나간다.

집에서 하는 영어 놀이 : 빵으로 얼굴 만들기

재료 : 식빵, 과자, 사탕, 방울토마토, 당근

단어 : eyes, nose, mouth, ears

식빵을 이용해서 얼굴을 만들면서 눈, 코, 입, 귀를 배우기. 맛있는 과자나 사탕을 먹을 수 있다는 것이 게임에 집중할 수 있는 요소. 얼굴을 만들고 간식으로 먹어도 되는 즐거운 게임.

Mom : Let's make a pretty face. 예쁜 얼굴을 만들어보자.

We have some cookies and candies and vegetables for face.

Can you make it?

얼굴을 만들 수 있는 쿠키랑 사탕, 야채가 있어. 만들 수 있니?

Kid : Yes, I can. 네, 할 수 있어요.

Mom : Let's make a nose with cookie. 그럼 쿠키로 코를 만들어보자.

Kid : I made a nose. 코를 만들었어요.

Mom : Well done! 잘했구나!

06

영어 동화책의 내용을 정확하게 몰라도 넘어가라

"You did well. 잘했어!"

우리 아들은 5살 때 한글을 떼었다. 그리고 6살 때 폭발적으로 책을 읽기 시작했었다. 돌이 되기 전부터 나는 아이가 잠자고 있을 때나 눈을 뜨고 있을 때나 집에서 늘 동화책 CD를 틀어주었다. 이솝우화부터 세계 유명 창작 동화책을 예쁜 목소리의 성우가 읽어주는 아기 동화 CD였다. 우리 아이가 얼른 자라서 말도 하고 같이 책도 읽으면 얼마나 좋을까? 늘 그 생각뿐이었다. 나는 아이가 걷기도 전에 책을 가지고 놀라고 책을 주었다. 사자 그림도 보고 호랑이 그림도 보고 좋아했다. 그런데 그 동물 책은 어느새 다 찢어져 있었다. 사자 얼굴이 두 조각으로 나누어지고 호랑이는 꼬리가 사라져버렸다. 또 얼룩말은 다리가 사라져 버렸다. 하지만 나는 더 찢으라며 다른 그림 동화책도 아이에게 주었다. 이렇게 해줘

서일까? 우리 아들은 동화책을 좋아했다.

아이는 점점 자라고, 나는 슬슬 영어책을 하나씩 하나씩 사기 시작했다. 그림이 예쁘면 사고, 내용이 좋으면 사고, 이래서 사고 저래서 사고 차곡차곡 모았다. 이제 우리 아이에게 읽어주기만 하면 되겠다 하고 혼자서 책을 보며 뿌듯했다. 유아 영어를 가르치고 있는 선생님도 평범한 엄마랑 마음은 똑같은 법이다. 동화책을 선물로 받으면 너무너무 기분이 좋았다. 책을 찢던 아이는 점점 자라고, 책은 읽고 보는 것이지 찢는 것이 아니라는 것을 아는 나이가 되었다. 아이랑 영어 동화책을 읽으려고 준비하고 소파에 앉아서 읽기 시작하는데, 어느새 소파 밑으로 쏙 빠져나가서 자기가 좋아하는 장난감이 있는 곳으로 갔다.

부모가 서울대 나왔다고 해서 자식도 서울대에 가는 것은 절대 아니다. 우리 남편은 결혼 전에 무역회사에 근무했다. 대학교도 한국외국어대를 졸업했다. 당연히 영어는 나보다 훨씬 잘했다. 국비 장학생으로 미국 연수도 다녀왔다. 그런데 집에서는 아이에게 영어 한마디 하지 않았다. 영어 동화책도 읽어주지 않았다. 항상 남편은 그렇게 빨리 안 해도 된다면서 자꾸 핑계를 대고 모든 교육은 나에게 전담하게 했다. 나는 자꾸 도망가는 아들을 잡으러 가고, 아들이 또 도망가면 잡으러 가는 날들이 계속되었다. 달리기도 어찌나 잘하는지 잡는 것도 쉽지 않았다. 아이에게 동화책을 재미있게 읽어주려고 하다가도 자꾸 딴청 피우고 도망가면 읽어주고 싶은 마음이 저 멀리 달아난다. 아들이 도대체 누굴 닮아서 저러나 싶은 생각이 들 정도였다. 나 닮았으면 순둥이처럼 말을 잘 들을텐데 아빠를 닮았나, 피식 웃음이 나온다.

부모가 어린 자녀에게 영어 동화책을 읽어준다는 것은 아주 대단한 도전이다. 한글로 된 책이 아닌 외국어 동화책을 읽어준다는 것은, 엄마 아빠에게는 정말 엄청난 시련이자 도전이다. 솔직히 아빠들은 한글로 된 동화책도 잘 읽어주지 않는데 영어 동화책이라니 아빠에게는 정말 크나큰 시련이 아닐 수 없다. 군대 가는 것 다음으로 힘든 일이 될 수도 있다. 하지만 아이에게는 엄마 아빠와 함께 새로운 경험도 하고 추억을 만드는 일이 될 것이다.

어른들에게도 영어 동화책 읽기가 시련이자 도전인데 우리 아이들은 오죽하겠는가? 아이들이 아직 어려서 부모에게 속마음을 말하지 않아서 그렇지, 힘든 건 피차 마찬가지다. 처음에는 아이들과 아주 쉽고 글자가 적은 동화책을 골라서 읽어주면 좋다. 그래야 읽기도 좋고 이해하기도 쉽다. 아이가 흥미가 있으면 아주 쉬운 그림책에서 조금 벗어나 점점 난이도를 올려서 읽어주는 것도 좋다.

아이들과 storytelling 수업을 할 때는 자유롭게 듣도록 해주는 편이었다. 아이들에게 엄격하게 대하는 담임 선생님과는 다르게 약간 아이들을 편안하게 해주고 싶었다. 처음에 한 장씩 넘길 때는 집중하다가 점점 뒤로 갈수록 집중력이 떨어지는 아이들이 있다. 영어 동화책을 읽다 보니 이러한 현상이 일어나는 것은 당연한 일이었다. 아이들 집중이 흐트러지면 중간중간 읽은 내용을 물어보기도 했다. 당연히 맞춘 아이에게는 칭찬 스티커를 주었다. 이렇게 storytelling 시간을 마무리한다. 아이들이 그날 수업 시간에 한 내용을 다 이해하지 못해도 크게 상관하지 않았다. 왜냐면 storytelling 시간은 또 돌아오기 때문이다.

아이들은 무언가를 배울 때 백 퍼센트 전부 다 이해한다고 생각하지 않는다. 부모는 아이가 완전히 이해했다고 생각할 수도 있지만, 사실은 그렇지 않다. 부모가 물어보면 고개를 끄덕이며 대답하기 때문에, 부모는 아주 주관적인 생각으로 아이가 알고 있다고 여기는 것이다. 나도 어릴 때 선생님이 배운 것을 다 이해했는지 물어보면 이해했다고 말했던 적이 많이 있었다. 특히 수학 시간에 그런 적이 많았다. 사실은 다 이해하지 못했다. 잘 모른다고 하면 혼날 것 같기도 하고 창피하기도 해서 그런 것 같았다. 나는 선생님이 다 이해했냐고 물어보는 것이 제일 싫었다. 그냥 모르는 대로 조용히 넘어가주기를 바랐다.

아이들에게 자꾸 동화책을 읽고 확인하고 싶은 부모들이 많이 있다. 예전에 TV를 보면 외국의 부모들은 잠자기 전 아이에게 동화책을 읽어 주고, 아이는 그 이야기를 들으면서 꿈나라에 간다. 그리고는 굿나잇 뽀뽀를 해준다. 그런데 방금 잠든 아이를 깨워서 이야기가 얼마나 재미있었냐고 물어보는 부모가 과연 있을까? 당연히 없다. 이것은 미국 부모들 이야기이고, 한국 부모들은 혹시 있을지도 모른다. 예전에 뉴스에서 자기 자식 영어를 잘하게 하려고 혀 수술까지 했다는 기사를 본 적이 있다. 너무나도 끔찍하다. 이렇게 극성스러운 엄마들이 있으니 잠을 깨우는 것은 아무것도 아닐지 모르겠다.

아이가 동화책 내용을 다 이해하지 못하면 좀 어떠한가? 영어 동화책 한 권 다 이해한다고 해서 영어 천재가 되는 것도 아니고, 영어 박사가 되는 것도 아닌데 왜들 그렇게 집착할까? 우리도 어린 시절 부모님이나 선생님이 질문해서 모른다고 하면 혼낼 때 기분이 썩 좋지 않았던 기억이 있는데, 다 잊어버린 건가 싶다. 아이에게는 내용을 이해했는지 안 했는지가 중요하지 않다. 재미가 있냐 없냐로 판단한다. 재미있으면 조금 더 오래 집중해서 듣고, 재미없으면 짜증 내고 싫어하는 티를 팍팍 내는 것이다.

특히 엄마들은 어릴 때 아이들에게 읽힐 책을 많이 산다. 그런데 책을 많이 사는 엄마일수록 아이에게 바라는 기대치가 더 크다. 단계별 책들을 모두 사고 아이가 한 단계씩 빨리 올라가기를 날마다 기도한다. 아이들은 신기하게도 읽은 책을 읽고 또 읽는다. 우리 아들도 좋아하는 동화책은 반복적으로 읽었다. 같은 책을 여러 번 읽는다고 혼낼 필요는 없다. 그림책도 마찬가지다. 자신이 좋아하면 동물 그림책을 보고 또 본다. 거의 화가가 되기 일보 직전까지 말이다.

　　나는 영어 동화책을 한꺼번에 많이 사는 것을 추천하지 않는다. 처음에 몇 권씩 사서 아이에게 읽어줘 보고 관심이 있는지도 보고 좋아하면 차근차근 사도 괜찮을 것 같다. 아이가 제일 좋아하는 동화를 반복적으로 읽어주는 것도 좋은 방법이다. 아이는 자기가 좋아하는 이야기는 계속해서 읽어줘도 다시 또 읽어 달라고 한다. 엄마는 엄마의 소리를 들려주면 되고, 아빠는 아빠대로 아빠의 소리를 들려주면 된다. 부모가 자녀 교육에 욕심을 낸다고 해서 자녀가 부모의 욕심대로 크지 않는다. 지금 당장 질문에 답을 못했다고 해서 큰일이 나는 것은 당연히 아니다. 우리는 아이에게 즐겁게 책을 읽을 수 있도록 환경을 만들어주자. 그리고 마음껏 자신이 보고 싶은 책을 꺼내서 읽을 수 있도록 책장에 책을 꽂아놓자. 책장 앞에서 책을 읽고 있는 우리 아이 모습이 보일 것이다.

07

아이에게 칭찬과 격려를 아끼지 말라

"Unbelievable! 믿을 수 없어!"

20대의 나는 꿈도 많고 용기도 많았다. 오페어(au pair)라는 프로그램을 알게 되었고, 모든 준비를 마치고 미국을 가게 되었다. 오페어(au pair)는 미국 가정에서 1년 동안 가족들과 함께 생활하면서 아이를 돌보고 공부도 하고 여행도 할 수 있는 프로그램이다. 미국의 부모들은 아이들을 어떻게 양육할까? 나의 호스트맘은 정말 너무나도 호탕하고 친절한 전형적인 워킹맘이자 흑인 엄마였다. 나는 5살짜리 남자아이와 8개월된 여자아이를 돌보았다. 아이들에게 이야기할 때 호스트맘의 목소리는 거의 천사의 목소리였다. 영화에서 보면 흑인들은 그들만의 특이한 제스쳐와 리듬이 있다. 그때 당시 이런 호스트맘의 행동 하나하나가 너무나 사랑스럽고 예뻐 보였다.

　소피아(Sophia)는 내가 돌보는 8개월 된 아기였다. 나는 세상에서 이렇게 예쁘고 귀여운 흑인 아기를 본 적이 없었다. 내 눈에는 정말 내가 낳은 자식처럼 너무나 사랑스러웠다. 그야말로 날마다 뽀뽀뽀 노래를 불러 줘도 될 만큼 귀여웠다. 호스트맘은 워킹맘이었고, 지금 내가 워킹맘으로 살아가고 있는 것처럼 열심히 그리고 치열하게 살고 있었다. 호스트맘은 아이들을 칭찬할 때 목소리뿐만 아니라 춤을 추면서 칭찬을 했다. "오, 할렐루야~." 하면서 우리 아기 잘 놀았느냐, 잘 잤느냐 하고 아이와 대화하는 모습이 떠오른다. 마음씨 예쁜 호스트맘의 엉덩이춤을 잊을 수 없다. 5살 남자아이는 장난꾸러기였고 처음엔 나에게 무뚝뚝하고 퉁명스러웠다. 하지만 5살 생일파티 이후 나를 좋아하게 되었다. 나는 솜씨를 발휘해 고깔모자도 만들어주고, 거실도 예쁘게 꾸몄다. 내가 만들어준 고깔모자를 쓰고, 생일파티를 훌륭하게 마칠 수 있었다. 고깔모자 하나로 나는 5살짜리 남자아이를 내 편으로 만들었다.

　외국의 가정에서도 아이들을 금이야 옥이야 하며 키운다. 1년 동안 실제 미국 가정에서 아이들을 양육하는 모습을 보니 우리의 모습과 별반 다르지 않다고 느꼈다. 잘하는 것은 확실하게 칭찬을 했다. 어린 동생을 예뻐해주는 모습을 보고 호스트맘과 호스트대디는 5살 Darell에게 칭찬을 아끼지 않았다. 5살 남자아이의 이름은 대렐(Darell)이었다. 그런데 한번은 가족 모두 차를 타고 가고 있는데 뒤에서 대렐이 내 의자 뒤를 발로 계속 툭툭 차는 것이었다. 그래서 나는 그만하라고 했지만 몇 번 더 발로 차고 나서 호스트맘의 경고를 받고는 멈추었다. 그날 대렐은 엄마 아빠에게 혼이 났다. 나에게 버릇없는 행동을 했다면서 혼을 내었다. 그리고 나에게 미안하다고 사과를 했다. 물론 대렐도 나에게 울면서 사과를 했다. 미국 사람들은 칭찬도 확실했고, 잘못한 것을 지적하는 것도 확실했다. 참 건강한 문화라고 생각했다.

아이들과 수업을 할 때 잘하는 아이에게는 반드시 칭찬을 해준다. 아이들은 사랑을 먹고 자라기도 하지만 칭찬을 먹고 자란다. 칭찬을 받은 아이는 자존감도 높아지고 자신감도 생겨서 모든 일에 적극적이고 긍정적으로 변한다. 칭찬을 받아본 아이는 다음에도 또 칭찬을 받기 위해 좋은 수업 태도와 적극적인 자세로 수업에 임한다. 칭찬받기 위해 애쓰는 모습이 내 눈에 다 보인다. 어떻게 이런 아이를 시켜주지 않을 수 있겠는가? "우는 아이 떡 하나 더 준다."라는 속담이 있듯이 적극적으로 덤비면 안 시켜줄 수가 없다.

요즘은 부모들이 칭찬이 얼마나 아이에게 좋은 영향을 주는지 다 알고 있다. 그래서 부모들은 칭찬을 많이 해줄 것 같은데, 알아도 그게 잘 안 될 때가 많다. 예전에 학부모 참여 수업을 하는 도중에 한 엄마가 아이를 나무라는 것을 보았다. 아이와 함께 게임을 했는데 아이가 대답을 잘못 말하는 바람에 게임에서 지고 말았다. 엄마는 아는 문제를 왜 틀렸냐며 핀잔을 했다. 머리도 한 대 쥐어박았다. 아이도 잘하고 싶었을 텐데 머리까지 쥐어박고 얼마나 속상했을까 생각이 들었다. 엄마도 속상한 마음에서 그랬을 테지만 그래도 그날만큼은 아이에게 칭찬과 위로를 해주었다면 더 좋았을 걸 하는 생각이 든다. 평소에는 잘하는 친구였는데 엄마가 옆에 있어서 조금 더 긴장을 한 것 같다.

아이들은 나이가 어릴수록 칭찬을 더 강력하게 해줘야 한다. 4세 아이들은 수업 시간에 선생님 눈만 쳐다보고 무슨 말씀을 하시려고 하나 눈을 깜박깜박하고 앉아 있다. 시작하자마자 칭찬 스티커를 뿌려야 한다. 눈만 예쁘게 뜨고 있어도 스티커를 주고, 예쁘게 앉아 있기만 해도 스티커를 주고, 무조건 아이들에게 칭찬을 뿌려야 한다. 아이들은 스티커를 받은 순간부터 말문이 열린다. 스티커는 4살 아이들 말문을 열어주는 중요한 도구이다. 4세 아이들은 기분이 좋아도 웃기만 하고, 기분이 안 좋아도 말없이 조용히 있는 일이 많다. 말로 표현을 잘 안 하는 편이다. 정말 속상한 일이 있으면 우는 정도이다. 이런 아이들에게 말을 할 수 있도록 해주는 것은 칭찬 스티커이다. 스티커의 위력은 어마어마하다.

아이들을 칭찬할 때도 기술이 있다. 그냥 무턱대고 너도 잘했다 너도 잘했다고 칭찬하면 아이들은 다 안다. 그냥 하는 말이라는 것을 알고 있다. 아이들 머리를 쓰다듬어 주고 등을 토닥토닥 해줄 때도 확실하게 칭찬을 해주어야 한다. 수업 태도가 좋다든지, 큰소리로 대답을 잘했든지, 발음을 정확하게 잘했다든지, 문제를 잘 풀었다든지 아이가 잘한 것을 정확하게 꼬집어서 말해주는 칭찬이 진짜 칭찬이다. 진짜 칭찬을 받으면 아이도 그것이 진짜 칭찬이란 것을 안다. 칭찬받은 아이는 신이 나서 다음에는 더 잘할 수 있는 마음을 품게 된다. 아무리 어려도 아이들은 자신에게 좋은 말을 했는지 아닌지 본능적으로 안다.

어린이집에서 4세 아이들과 수업할 때는 한 명도 빠짐없이 무조건 모두 시켜주어야 한다. 이것은 나의 철칙이었다. 혹시라도 한 명이라도 빼고 시키면 그날은 교실이 눈물바다가 된다. 이것은 내가 신입 시절에 수업하다가 했던 실수이다. 어린 4세 반 아이들은 손을 잘 들지 않아서 손을 잘 들고 적극적인 아이를 계속 시켜주었던 것이었다. 수업이 끝나고 담임 선생님에게 이 슬픈 소식을 듣고 난 뒤로는, 반드시 모든 아이들을 시켜주었다. 칭찬은 보너스로 듬뿍듬뿍 주었다.

우리 아들이 어릴 때 심부름을 시킨 적이 있었다. 그런데 그건 정확히 말하면 심부름이라고 하기엔 좀 그렇지만 아이는 심부름이라고 느꼈을지도 모른다. 화장실에 휴지가 다 떨어져서 아들에게 가져다주라고 했더니 쪼르르 가서 화장지를 잘 찾아서 가져온 적이 있었다. 나는 폭풍 칭찬을 해주었고 아들은 칭찬받은 것이 좋아서 덩실덩실 춤을 추었다. 이렇게 사소한 일에도 칭찬을 해주니 아이는 자신이 큰일이라도 한 것처럼 좋아했다. 바로 칭찬의 힘이다. 칭찬은 고래도 춤추게 하고 우리 아들도 춤추게 했다.

아이들에게 칭찬을 해주고 싶어도 늘 말썽만 피우고 칭찬할 일이 별로 없다면서 칭찬에 인색한 부모들도 있다. 너무 엄격한 눈으로만 아이들을 바라보지 말고 정말 사소한 것이라도 칭찬 거리를 만들어서 해주어야 한다. 아이들은 부모의 사랑을 먹고 자라고, 부모의 칭찬을 먹고 자라야 몸도 마음도 건강한 아이로 자랄 수 있다. 우리의 아이들은 마땅히 칭찬을 받을 자격이 있다. 칭찬은 바보를 천재로도 만들 수 있는 강력한 힘을 가지고 있다.

집에서 하는 영어 놀이 : 숫자 세기 놀이

재료 : 장난감, 인형, 과자, 큰 숫자판

단어 : one, two, three … ten.

아이가 좋아하는 장난감이나 물건을 가지고 숫자 세기 놀이하기. 큰
숫자판을 만들어서 숫자 위에 장난감을 세어서 숫자만큼 놓기.

Mom : Let's count numbers. How many toys here?

　　　숫자를 세어보자. 여기 장난감이 몇 개지?

Kid : One, two, three, four, five. 하나, 둘, 셋, 넷, 다섯.

Mom : How many toys do you have? 가지고 있는 장난감이 몇 개지?

Kid : I have five. 다섯 개요.

Mom : Put your toys on the number board.

　　　숫자판에 장난감을 놓아보자.

Kid : I did it. 했어요.

Mom : Great job! 잘했어!

08

아이와 집 근처 도서관에 가라

"Fantastic! 환상적이다!"

    오랜만에 아이랑 외출하기 위해 커다란 가방에 기저귀도 챙기고, 물병도 챙기고, 간식도 챙겼다. 아이랑 잠깐만 외출을 하려고 해도 챙길 것이 한두 개가 아니다. 한쪽 어깨에는 가방을 메고 양손에는 아이를 안고 문을 열고 들어간다. 책 냄새가 가득한 도서관에 도착했다. 아직 우리 아이는 돌도 되지 않아서 한글도 모르고 말도 하지 못했다. 그래도 나는 아이를 데리고 종종 왔다. 이 도서관은 유아를 위한 방이 따로 있어서 편안하고 자유롭게 아이랑 도서관을 즐길 수 있었다. 아기침대도 있어서 아기가 잠들면 침대에 눕힐 수도 있어서 좋았다. 아이가 잠자는 사이 읽을 만한 책을 먼저 골랐다. 하지만 내가 고른 책은 한 권도 제대로 읽지 못하고 다시 책장에 넣어 두었다. 도서관에 올 때마다 지금 상황처럼 반복했지만, 도서관에 놀러 오면 뭔가 해준 것 같아서 뿌듯해하며 집으로 돌아왔다.

엄마는 아이에게 좋은 것만 주고 싶고 좋은 것만 먹이고 싶다. 그래서 나도 한글도 모르는 아이를 데리고 도서관에 갔다. 아이는 도서관을 기어 다니면서 수많은 책 냄새를 맡고, 집보다 훨씬 넓은 곳을 누비면서 돌아다녔다. 또 여기는 아이들만 있는 방이어서 소리 지르거나 떠들고 울어도 누가 눈치도 주지 않아서 마음이 편했다. 도서관에 오는 연습을 지금부터 하기로 마음먹었다. 아이는 돌이 지나고 7살이 될 때까지 꾸준히 도서관을 들락거렸다.

나처럼 어린아이를 데리고 도서관에 가면 아이가 소리 지르면서 돌아다니고, 떠들면 눈치가 보여서 데리고 가기가 힘든 경우가 많다. 도서관은 원래 조용히 해야 하는 곳이고, 떠들면 안 된다는 것을 너무나도 잘 알고 있기 때문이다. 심지어 어린이 열람실도 소리 내서 책을 읽으면 눈치가 보이는 경우가 있기 때문이다. 내가 만약 도서관을 짓는다면 소리 내서 책을 읽는 방을 만들어서, 그 누구의 눈치도 보지 않고 책을 읽을 수 있도록 하고 싶다. 그럼 엄마 아빠랑 책 읽으러 더 자주 올 수 있을 테니까 말이다.

도서관에 가면 일단 엄청난 양의 책 때문에 놀라고 또 집에는 없는 책이 너무 많아서 두 번 놀란다. 도서관을 이용하면 좋은 점은 많은 책을 읽을 수 있다는 것이다. 그리고 책도 빌려 갈 수 있다. 요즘은 한 사람이 최대 10권까지도 빌릴 수 있다. 예전에는 2~3권 정도만 빌려주었는데, 10권씩 빌려주니 정말 좋은 것 같다. 책을 빌릴 때 사서에게 직접 빌릴 수도 있지만, 자동 대출 기계가 있어서 엄마가 조금만 도와주면 아이가 직접 책 대출도 할 수 있다.

어린이 열람실을 한 바퀴 둘러보면 정말 다양하게 구비되어 있는 책들이 많다는 것을 볼 수 있다. 나는 아이 손을 잡고 동네 한 바퀴를 돌 듯이 열람실을 한 바퀴 쭉 돌았다. 그냥 열람실을 한 바퀴 도는 것도 나쁘지 않았다. 한 바퀴 도는 동안 아이는 무슨 책이 있나 벌써 찜해놓고 자신이 보고 싶은 책이 있는 곳으로 쪼르르 가서 책을 꺼내온다. 어른들도 쇼핑할 때 쇼핑몰을 한 바퀴 쭉 돌고 나서 맘에 드는 물건이 있는 가게로 가서 사는 것처럼, 아이들도 도서관에서 '책 쇼핑'을 하는 것 같다.

아이가 골라온 책에 대해서 엄마는 무조건 잘 골라왔다고 칭찬해주고 함께 읽으면 좋다. 아이에게 왜 이런 책을 가지고 왔냐고 하면 아이는 더 이상 책을 꺼내오지 않을 수도 있다. 책을 꺼내서 가지고 온 것 자체가 대단한 일이다. 집에 가자고 재미없다고 조르는 것보다 훨씬 나은 일이다. 아이들에게는 첫째도 칭찬이요, 둘째도 칭찬이다. 칭찬을 자주 해주어야 도서관 쇼핑을 함께 올 수 있다. 엄마 혼자 쇼핑하러 가면 아이랑 함께 가는 것이 점점 더 어려워질 것이다.

아이들과 책 빨리 찾아오기 미션을 하면 재미있어하고, 놀이를 하고 있다고 생각해서 책을 더 즐겁게 읽을 수가 있다. 자기가 읽고 싶은 책 3권을 빨리 찾아오게 한다든지, 동물이 나오는 책 찾아오기라든지, 엄마와 아빠랑 함께하면 더 재미있을 것이다. 아이는 자신이 고른 책을 부모와 함께 읽는다는 것 자체가 즐거움일 것이다. 도서관에 가보면 아빠와 온 아이들도 종종 있다. 처음에는 아빠가 잘 읽어주고 놀아주는 것처럼 보이는데, 어느새 아빠는 엎드려 자고 있고, 아이 혼자 부모 잃은 미아처럼 돌아다니는 경우도 보았다. 아이는 당연히 아빠하고 상관없이 잘 놀고 있었다. 아빠들은 도서관에 오면 왜 졸려하는 걸까? 아빠는 항상 피곤하다. 아이의 눈높이에서 함께 놀아주는 것은 당연히 쉬운 일이 아니다. 엄마들은 이 힘든 일을 항상 하고 있다는 걸 아빠들이 알고 있을까?

도서관 한쪽에 보면 영어책이 별도로 놓여 있는 것을 본 적이 있을 것이다. 한글책에 비하면 양은 적지만 수준 있고 아이들이 좋아할 만한 책이 많이 있다. 아주 어린 아이일수록 그림이 크고 예쁜 책을 고르면 아이들의 관심을 끌 수 있다. 그리고 엄마가 가볍게 읽어주고 아이의 반응을 살펴보고 좋아하는지 안 좋아하는지 얼른 알아차려야 한다. 아이가 좋아하면 비슷한 다른 책을 꺼내서 또 읽어주면 아이는 집중해서 잘 듣고 책 내용에 귀 기울인다. 이렇게 아이들과 주말에 함께 도서관에 오는 습관을 들이면 분명 아이는 책을 좋아하게 될 것이다.

　도서관은 아이들을 위한 다양한 프로그램을 운영하고 있다. 그날도 나는 아이랑 오전에 도서관에 출석했다. 내 아이 비슷한 또래의 아이들이 몇 명 보였고 모두 엄마랑 함께 왔다. 그날은 평일이었는데도 유난히 더 많은 아이들이 도서관에 왔다. 그리고는 조금 뒤에 한 여자분이 오셔서 곧 '책 읽어주는 시간'을 한다고 모이라고 하는 것이었다. 그래서 나도 사람들이 모이는 곳으로 아이를 데리고 갔다. 그 여자분은 일주일에 한 번씩 아이들에게 책을 읽어주러 오시는 선생님이었다. 나이도 나보다 더 많은 것 같은데 동화책을 정말 재미있게 잘 읽어주었다. 선생님의 목소리는 젊은 나보다 더 훨씬 좋은 것 같았다. 아이들은 떠들지 않고 엄마 무릎에 앉아서 잘 들었다. 이런 프로그램이 있다는 것조차 모르고 있던 나는 아이보다 더 좋아했다. 그리고 맨날 엄마 목소리로만 들었는데 다른 선생님의 목소리로 이야기를 들으니 아이가 더 집중해서 듣는 것 같았다. 이야기 시간이 끝나고는 에코백도 선물로 받았다. 완전히 '꿩 먹고 알 먹고'였다. 아이에게도 나에게도 행복한 시간이었다.

많은 책을 읽어야만 훌륭한 독서를 했다고는 생각하지 않는다. 한 권을 읽더라고 재미와 감동을 준다면 그 한 권이 더 소중하고 귀하다. 아이에게 도서관에 갔으니까 최소 몇 권은 읽어야지 하는 마음으로 가지 말고, 즐겁게 책 읽고 와야지 하는 마음으로 가야 한다. 그래야지 아이도 엄마도 마음이 편하고 더 즐거운 책 읽기를 하고 도서관을 자주 올 수 있을 것이다.

아이와 함께 책을 빌려서 집으로 가는 것은 도서관에 다시 올 수 있는 이유를 만들 수 있는 좋은 방법이다. 최소 2~3권만이라도 빌려 가는 것도 추천한다. 우리 집에 없는 책을 도서관에서는 얼마든지 빌릴 수 있다는 사실을 알려주면 아이들은 도서관을 보물창고로 생각할지도 모른다. 도서관 문만 열면 너무나도 많은 책이 있기 때문이다.

"세 살 버릇이 여든까지 간다."는 속담이 있다. 우리 아이에게 좋은 습관을 만들어주는 부모가 되자. 행복은 멀리 있는 것이 아니고 아주 가까운 곳에 있다. 도서관도 그리 먼 곳에 있지 않다. 보물창고가 가까이 있는데 보물창고에 가지 않는다는 것은 정말 안타까운 일이 아닌가 싶다. 놀이공원에 가는 것도 재미있지만, 이번 주말에 아이 손을 잡고 도서관에 '책 쇼핑' 가는 것은 어떨까? 에코백도 하나 챙겨서 책도 가득 빌려오자.

집에서 하는 영어 놀이 : 알파벳 과자를 이용해서 알파벳 찾기 놀이

재료 : 과자, 초콜렛

단어 : cat, dog, duck, pig

알파벳 모양의 과자나 초콜렛을 활용하여 알파벳을 찾고, 찾은 과자로
간단한 단어 만들기. 먹을 것을 눈앞에 두고 하니 집중력이 높은 게임.
게임 후 과자를 간식으로 활용하면 좋다.

Mom : We have cookies and chocolates.

쿠키랑 초콜렛이 있네.

Let's play a game.

놀아볼까?

Kid : Yeah~ 와~

Mom : Let's find the alphabet. Where is 'P'?

알파벳을 찾아보자. 'P'는 어디 있지?

Kid : Here it is. 여기예요.

Mom : Good job! 잘했다.

Can you make a word 'Cat'? You need c, a, t.

단어 'Cat'을 만들어볼까? c, a, t가 필요하겠다.

Kid : Yes, I can. 네, 할 수 있어요.

3 장

집에 있는
흔한 재료로
아이와 노는 법

01

달걀판을 이용해 알파벳 찾아보아요

"Awesome! 훌륭해!"

아이들이 영어를 배울 때 제일 먼저 만나는 것은 바로 알파벳
(alphabet)이다. 알파벳은 대문자(capital letter)와 소문자(lowercase) 두
가지로 구분되어 있다. 아이들에게 대문자와 소문자를 구별해서 알려줄
필요가 있다. 미리 알려주어야 아이들이 혼동하지 않는다. 자주 혼동하
는 글자들이 꼭 있기 때문이다.

아이들은 알파벳을 쓰기(writing)도 하고, 읽기(reading)도 하고, 듣기
(listening)도 한다. 요즘 아이들은 워낙 스마트폰을 쉽게 접하고 만지는
일이 많다. 어른들은 아이에게 스마트폰을 무작정 못하게 할 것이 아니
다. 스마트폰을 적절히 활용하면 생각지 않게 아이가 알파벳을 금방 배

울 수도 있다. 알파벳을 배우는 방법은 여러 가지가 있다. 지금부터 우리는 '달걀판'을 이용해서 아이랑 놀면서 배울 것이다.

집에 있는 재료를 이용해서 알파벳을 배우는 방법 중에 달걀판을 이용한 놀이가 있다. 집에 달걀판 한 개 정도는 있을 것이다. 달걀판에 달걀을 30개 넣을 수 있다. 진짜 날달걀을 이용하면 깨질 염려가 있다. 하지만 재미있는 요소로 활용하면 재미를 더 할 수 있다.

아이들은 의외로 돌발 상황을 은근히 깜짝 놀라면서도 좋아한다. 실제 영어 수업 시간에도 선생님이 실수하면 아이들은 굉장히 좋아한다. 마술 모자 속에서 원숭이가 튀어나와야 하는데 모자 속에서 엉뚱하게 바나나가 나오면 너무 재미있어한다. 세상에서 제일 완벽한 우리 엄마가 실수하면 아이들은 더 좋아할 것이다.

- 달걀판과 스티로폼 달걀을 활용하라

준비물 : 달걀판, 스티로폼 달걀, 색깔 펜, 작은 바구니

유아 교구를 만드는 재료 중에 달걀처럼 생긴 스티로폼을 30개를 준비한다. 그리고 아이랑 스티로폼에 알파벳을 써보자. 재료는 유아 교구를

전문으로 판매하는 재료 가게에 문의하면 살 수 있다. 처음에는 30개씩 두 세트를 준비하면 좋다. 엄마와 아이랑 함께 게임을 하려면 두 세트가 필요하다.

스티로폼 달걀이 준비되었으면 아이와 함께 알파벳을 써보자. 위쪽은 대문자를 쓰고 아래쪽은 소문자를 쓴다. 하루에 알파벳을 다 쓰는 것은 힘이 든다. 하루에 몇 개씩만 쓰고 알파벳 26글자가 모두 완성될 때까지 달걀판에 모아두면 된다. 아이는 달걀을 한 개씩 완성할 때마다 재미도 느끼고 성취감도 느낄 것이다.

알파벳을 쓸 때 재미있게 쓰는 방법은 다양한 색깔 펜을 이용하는 것이다. 알파벳 글자를 색깔 펜으로 쓰면 지루하지 않고 재미있게 쓸 수 있다. 또 알파벳과 관련된 노래 CD를 함께 들으면서 쓰는 것도 좋은 방법이다. 아이는 노래를 흥얼거리면서 알파벳을 쓸 것이다. 이렇게 하면 아이는 쓰기(writing)도 하고, 말하기(speaking)도 하고, 읽기(reading)도 할 수 있다. 아이는 자연스럽게 3가지 학습을 동시에 할 수 있다. 이것이 바로 엄마의 작전 아닌가요?

아이는 자신이 계속 놀이를 하고 있다고 착각하며, 게임 할 생각에 열심히 할 것이다. 게임 하기 전까지도 아이는 즐기면서 알파벳을 부지런히 쓸 수 있다. 이때 엄마는 옆에서 아이와 속도를 맞추어 주어야 한다.

이것은 아주 중요하다. 엄마 혼자서 빨리 쓰고 아이를 기다리거나 재촉하면 안 된다. 엄마의 이런 모습은 우리 아이의 사기를 저하시킨다. 아이와 속도를 맞춰주는 엄마의 센스가 필요하다.

대문자와 소문자를 스티로폼 달걀에 모두 적었다면, 이번에는 스티로폼에 그림을 그려보자. 해당하는 알파벳으로 시작하는 단어를 먼저 알려주고, 아이와 함께 그림을 그려보는 것이다. 예를 들면 알파벳 A, a가 적힌 달걀에 사과를 그리는 것이다. 엄마가 이때 "A, a Apple." 하고 말하고 그림을 그리면 된다. 아이가 엄마를 따라서 말하면 이것이야말로 놀면서 공부하는 완벽한 방법이다. 이런 방법으로 알파벳을 모두 쓰고 그림도 완성하면 이제 '스티로폼 알파벳 달걀'은 모두 준비가 끝난 것이다.

– 알파벳을 찾아서 말하게 하라

달걀판에 알파벳이 모두 채워졌으면 이제 엄마랑 아이와 함께 알파벳 놀이를 시작할 수 있다. 먼저 엄마가 알파벳을 말하자. 그리고 아이는 알파벳을 달걀판에서 찾는다. 이번에는 반대로 아이가 알파벳을 말하면 엄마가 찾는다. 처음 게임 할 때는 대문자(capital letter)만 찾아본다. 그리고 다음에는 소문자(lowercase)만 찾으면 된다.

이 게임을 하면 대문자와 소문자를 구분할 수 있게 된다. 아이와 몇 번 반복해서 찾아보자. 그리고 아이가 잘 찾으면 대문자와 소문자를 섞어서 찾아보자. 마지막으로 아이가 대문자와 소문자를 잘 찾으면 빨리 찾기 게임을 해도 재미있을 것이다.

Mom : Let's find the alphabet. Where is B?
　　　알바벳을 찾아보자. B는 어디있니?
kid : This is B. B 여기있어요.
Mom : Good job. 정말 잘했구나.

소문자도 같은 방법으로 질문하고 대답하면 된다.

― 바구니를 이용하자

이번에는 달걀판에 있는 달걀을 모두 꺼내서 바구니에 넣어놓는다. 바구니에 넣을 때도 게임을 하자. 달걀판에서 그냥 꺼내서 담지 말고, 엄마가 말하는 알파벳을 찾아서 바구니에 담게 해보자. 그리고 나중에는 엄마가 말하는 알파벳을 찾아서 다시 달걀판에 놓을 수 있도록 해보자. 달걀을 활용해 아이와 다양한 방법으로 게임을 해보자. 아이는 자신이 직접 만든 스티로폼 달걀을 아주 소중하게 여길 것이다. 던져도 깨지지 않는 달걀이라는 것을 알면서도 말이다.

– 진짜 달걀을 활용하라

준비물 : 달걀판, 색깔 펜, 찐 달걀

진짜 달걀을 이용해서 아이랑 게임을 할 수 있다. 대신 찐 달걀을 이용할 것이다. 찐 달걀은 게임이 끝나면 간식으로도 먹을 수 있기 때문이다. 엄마는 먼저 달걀을 삶아서 준비한다. 그리고 달걀판은 한 개만 준비해도 된다. 또 지워지는 펜을 이용해서 달걀 위에 글자를 써놓는다. 이때 기억해야 할 것은 달걀 한 쪽 면에만 알파벳을 적어놓아야 한다. 그리고 알파벳이 적힌 부분을 뒤집어놓고 어디에 알파벳이 있는지 찾아보는 놀이이다.

아이가 알파벳을 정확히 찾으면 그 달걀은 보상으로 먹을 수 있게 해주자. 아이들은 먹는 것을 좋아한다. 달걀을 먹기 전에 큰소리로 알파벳을 외치게 한다. 그리고 아이는 엄마 이마에 달걀을 깨서 먹는 것이다. 이때 아빠가 옆에 있으면 아빠 이마를 빌려주는 것도 좋은 방법이다. 아이는 찐 달걀 게임을 아주 좋아하게 될 것이다.

아이들이 알파벳을 배우는 방법은 다양하다. 커다란 브로마이드 알파벳 판을 벽에 붙혀놓고 시작하는 것이 제일 보편적이다. 또 알파벳 책상을 놓고 그림과 함께 공부하기도 한다. 어떤 아이들은 핸드폰 어플을 가지고 공부하기도 한다. 다 좋은 방법들이다. 하지만 어떤 방법이 제일 좋은 방법이라고 할 수는 없다. 다만 아이가 좋아하는 방법이 제일 좋은 방법이라고 말하고 싶다. 좋아하면 자주 보기 때문이다. 알파벳을 게임을 이용해 학습한 아이들은 재미있는 놀이라고 생각한다. 그리고 영어에 대한 거부감도 적을 것이다.

02

볼링핀과 공을 이용해 단어를 맞추어보아요

"How did you do that? 어떻게 이렇게 할 수 있었니?"

아이를 키우는 집에 가장 많이 있는 것은 동화책이다. 그리고 다음은 장난감 공이 아닐까 싶다. 아이들은 공을 좋아한다. 동그란 공을 굴리기도 하고, 던지기도 하고, 공 위에 앉아서 놀기도 좋아한다. 그래서 공을 이용하여 여러 가지 방법으로 놀이에 활용한다.

집에 굴러다니는 것이 공이지만, 아이들은 공만 보면 사달라고 졸라댄다. 나도 아이에게 공을 사주면서 잔소리를 한 적이 있다. 집에 공이 얼마나 많은데 또 사려고 하냐며 혼내다가도 어쩔 수 없이 사준 적이 많이 있다.

우리 아이가 한글을 배울 때 학습지 선생님이 집으로 방문했다. 학습지 선생님은 남자 선생님이었다. 남자 선생님이라서 그런지 아이와 활동적으로 수업을 했다. 선생님은 단어카드를 벽에다가 세워놓고 아이에게 공을 이용해 맞추어보라고 했다. 우리 아이는 공을 좋아했다. 그래서 이 게임을 적극적으로 했다.

이 게임은 그림과 글자가 함께 적혀진 카드를 맞추는 게임이었다. 그래서 아이는 아무런 어려움 없이 공을 굴려서 카드를 맞추었다. 카드가 넘어지면 박수를 치며 너무 좋아했다. 아이는 성취감이 어마어마했다. 단어카드를 정확히 맞춘 것도 잘했지만, 공을 굴려서 카드를 넘어뜨린 자체를 좋아했다. 역시 아이들은 놀이를 연계하면 학습 효과가 훨씬 좋은 것 같다. 선생님이 간 뒤로도 나는 한참 동안 아들한테 붙잡혀 이 게임을 했다.

아이들은 손으로 뭔가를 주물럭거리기를 좋아한다. 공이 말랑말랑하기 때문에 아이들이 그 촉감을 재미있어하고 노는 것을 좋아한다. 공을 가지고 하는 놀이는 아이들의 오감을 자극하는 좋은 활동 중 하나이다. 볼풀공은 아이들이 아주 어릴 때부터 가지고 놀던 공이다. 볼풀공으로 못 하는 놀이가 없다. 공 던지기 놀이도 할 수 있고 목욕할 때도 색깔별로 욕조에 넣어서 놀기도 할 수 있다. 그리고 놀이방에 가득 넣어놓고 풍덩풍덩 공 속으로 몸을 던지기도 한다. 공이 없는 세상은 아이들에게 상상할 수 없을 것이다.

그럼 집에 굴러다니는 모든 공을 모아서 아이와 함께 놀아보자. 아이에게 집에 있는 공을 모두 가져오게 하고 게임을 시작한다. 아이는 영문도 모른 채 공을 잔뜩 가져올 것이다. 바구니를 준비해서 아이가 공을 담아오도록 해주자. 아이가 공을 바구니에 담아오면 먼저 칭찬을 해주자. 이렇게 많은 공을 가져왔냐며 무한칭찬을 해주자. 그러면 아이 기분이 좋아져 게임을 더 즐겁게 할 수 있을 것이다.

– 공과 장난감 볼링핀을 이용하라

준비물 : 장난감 볼링핀, 공, 단어카드, 테이프
단어카드 : mother, father, brother, sister, grandmother, grandfather

엄마와 아이랑 먼저 한 가지 주제를 정해서 공부한다. 그런 다음 주제와 관련된 단어카드를 준비해서 간단히 익힌 후 게임을 시작하자. 예를 들어 가족(family)에 대해 공부했다고 하자. 그러면 가족에 관한 단어를 이야기해주고 게임을 진행한다. 단어카드는 처음에는 세 개 정도 먼저 해보고 아이가 잘하면 다섯 개로 늘려가는 것도 좋다. 공부한 단어카드를 볼링핀에 함께 붙이고 공으로 굴려서 단어 맞추기 게임을 시작한다.

어린이 볼링게임이라고 불러도 좋겠다. 처음에는 볼링핀에 아무것도 붙이지 않은 상태로 공을 굴려보게 하자. 볼링핀을 잘 맞추면 단어카드를 붙여서 본격적으로 게임을 하자.

Mom : This is my mother(father). Can you repeat after me?
　　　우리 엄마(아빠)예요. 따라서 해보겠니?
Kid : This is my mother(father). 우리 엄마(아빠)예요.
Mom : Very good. 잘했다.

가족 구성원을 영어로 말하고 잘 배운 후 게임을 진행하자. 4세와 5세는 단어로만 말해도 게임을 할 수 있다. 6세와 7세는 문장까지 말하도록 하자.

－ 공을 굴리면서 말하게 하라

아이에게 공을 굴리기 전 단어를 반드시 크게 외치고 공을 굴리게 하자. 아이는 단어를 외치면서 단어카드를 뚫어지게 쳐다볼 것이다. 그리고 집중하여 공을 굴릴 것이다. 처음에는 공이 마음처럼 잘 굴려지지 않아서 속상할 수 있다. 이때 엄마는 볼링핀의 거리 조절을 해주자. 아이하고 볼링핀 거리가 너무 멀다면 조금 더 가까이 조절해서 게임을 진행하자.

4세와 5세 아이들은 거리를 가깝게 해주는 것이 좋다. 그리고 6세와 7세는 본인이 원하는 만큼 거리를 두게 해서 게임을 해도 좋다. 7세는 최대한 거리를 멀리해서 하면 더 좋아한다.

Mom : Roll Roll Roll the ball. Who is she? 공을 굴려보자. 누구예요?
Kid : This is my sister. 내 여동생이에요.
Mom : You did it. Very good. 정말 잘했어.

아이와 엄마는 서로 번갈아 가면서 게임을 해도 재미있을 것이다. 엄마는 볼링하는 포즈를 취하고 아이에게 재미있게 설명해주자. 어른들이 볼링장에서 볼링을 하듯이 아주 진지하게도 하고, 일부러 미끄러지기도 하고 엉뚱한 곳에 공을 굴리기도 해서 재미있는 요소를 만들어보자. 엄마가 너무 잘하면 아이는 금방 좌절한다. 엄마는 일부러 최대한 못해야 아이에게 즐거움을 줄 수 있다.

내가 초보 엄마 시절에 아들과 게임을 한 적이 있다. 그런데 나는 아무 생각 없이 게임을 하다가 아들을 좌절시킨 적이 있었다. 우리는 누가 빨리 그림을 찾을지 게임을 했다. 나는 그림을 빨리 찾고 이겼다고 싱글벙글 좋아하고 있었다. 하지만 우리 아들은 그만한다고 재미없다고 카드를 던지고 가버렸다. 이런 엄마가 또 있을까? 아이를 이겨서 뭘 어쩌겠다고 그랬는지 모르겠다. 다시는 그런 승부욕을 드러내지 않기로 다짐했다. 아들과의 게임에서는 무조건 지기로 했다.

– 점수를 매겨 성취감을 느끼게 해주자

아이들은 항상 승부욕이 넘친다. 아이는 엄마와 게임할 때 엄마를 이기고 싶은 마음이 강하다. 만약 엄마한테 지면 분명히 다시 하자고 할 것이다. 내가 많이 경험해보았기 때문에 확실하다. 아이를 즐겁게 해주려면 엄마는 바보가 되어야 한다. 아이가 잘하도록 연기를 해야 한다. 엄마는 연기력을 기를 필요가 있다. 나는 연기를 잘못해서 아이를 좌절시킨 경험이 있다. 최대한 아이가 잘할 수 있도록 엄마가 배려해야 한다.

게임을 할 때 점수제를 활용하면 더 재미를 느낄 수 있다. 예를 들어 5점을 먼저 획득한 사람이 이기는 것으로 규칙을 정하자. 넘어뜨린 볼링핀의 개수만큼 점수를 주면 된다. 아이는 이때부터 점수를 얻기 위해 사력을 다할 것이다. 엄마는 일부러 공을 엉뚱한 곳으로 굴리기도 하고 미끄러지기도 하면서 아이를 즐겁게 해주어야 한다. 너무 진지하면 게임이 무서워질 수 있다. 5점을 먼저 얻으면 게임은 끝난다.

엄마와 아이랑 게임을 할 때 이것은 중요하다. 엄마는 항상 아이와 어떻게 재미있게 놀 것인지 고민해야 한다. 엄마가 아이에게 어떻게 하느냐에 따라 놀이가 재미있는지 없는지가 결정되게 된다. 나도 아이들과 수업할 때 항상 고민하는 것이 있다. 바로 첫째도 둘째도 '재미'다. 재미있는 요소를 수업에 어떻게 접목시키느냐는 것이다. 아이들은 재미있으면 엄청난 집중력을 발휘한다.

일상에서 말해봐요 : 씻을 때

Mom : Wash your face. 세수해.

And brush your teeth. 양치도 해.

Kid : Yes, mom. 네, 엄마.

Mom : Rinse your mouth out. 입 헹궈.

Kid : I did it. 다했어요.

Mom : Good job! 잘했어!

03

풍선을 이용해 제기차기하며 숫자를 세어보아요

"Wow! 와우!"

부모는 아이가 숫자(Number)를 세면 아주 기특하고 대견하게 생각한다. 작은 손가락을 움직이면서 1부터 10까지만 세어도 박수를 쳐준다. 그리고 많이 기뻐한다. 그런데 아이가 숫자를 영어로 1(one)부터 10(ten)까지 셀 수 있다면 더 깜짝 놀랄 것이다.

아이가 처음 엄마 아빠를 부를 때 가슴 벅찼던 그때가 기억날 것이다. 아마 그것과 비슷할지도 모르겠다. 적어도 나는 그랬다. 우리 아이가 영어로 숫자를 세는 것을 듣고 깜짝 놀랐다. 숫자 세기는 모든 학습의 기본이 된다. 일상에서 아이가 숫자를 재미있게 배울 수 있도록 부모의 노력이 필요하다.

아이가 숫자를 영어로 세면 이제 영어를 술술 잘할 것 같지만 그렇지 않다. 꾸준히 계속 반복해주어야 한다. 그리고 환경을 만들어주어야 한다. 아이가 잘한다고 해서 반복하지 않으면 금방 잊어버린다. 부모의 역할이 중요하다.

나이가 더 어린 4세, 5세 아이들은 10(ten)까지만 세어도 아주 잘하는 것이다. 보통 5(five)까지 셀 수 있다. 6세와 7세 아이들 중에서도 20까지 영어로 잘 세는 아이들이 있다. 몇 명의 아이들은 큰 숫자도 잘 세었다. 숫자를 좋아하는 아이들은 숫자를 금방 배우고 안다. 그리고 또래 아이들보다 잘한다.

내가 가르쳤던 아이 중에서 한 아이는 100(hundred)까지 영어로 셀 수 있었다. 그 아이는 일곱 살 남자아이였다. 그래서 내가 보는 앞에서 자기 실력을 보여주고 싶다고 했다. 그래서 확인한 적이 있었다. 그 아이는 또박또박하게 1(one)부터 시작했다. 중간에 몇 개만 머뭇거렸고 완벽하게 100(hundred)까지 말했다.

나는 그 아이에게 폭풍 칭찬을 해주었다. 그리고 선물로 맛있는 사탕도 주었다. 마치 내 아들이 잘한 것처럼 대견했다. 어떻게 이렇게 큰 숫자까지 알고 있냐고 물어보았다. 그냥 숫자가 재미있어서 100(hundred)

까지 알게 되었다고 했다. 재미있으면 아이들은 강요하지 않아도 잘한다.

풍선을 싫어하는 아이는 거의 없다. 우리 아이 역시 풍선을 좋아했다. 길거리에서 풍선을 나누어주면 꼭 가서 받았다. 줄을 길게 서서라도 반드시 알록달록한 풍선을 받았다. 만약 풍선을 못 받기라고 하면 모든 것은 엄마 탓이다. 그래서 엄마는 달리기도 잘해야 한다. 풍선을 받으면 아이는 세상을 다 갖은 표정을 지었다. 이런 아이들의 순수함이 좋다.

풍선을 가지고 할 수 있는 놀이는 많이 있다. 풍선은 구하기도 쉽다. 가격도 저렴하다. 그래서 아이와 함께 놀이에 사용하면 좋다. 풍선은 또 가볍고 위험하지 않아서 아이들과 놀기에 좋다.

- 풍선을 이용하라

준비물 : 풍선, 숫자카드

풍선을 몇 개 준비해서 아이와 풍선을 불어보자. 풍선을 작게도 불고 크게도 불어서 잘 묶어 준비하면 된다. 그리고 준비한 숫자 카드를 보고 아이와 하나씩 연습해보자. 엄마가 먼저 말하고 아이는 따라 하면 된다.

다음 대화 내용처럼 아이와 연습해보자.

Mom : What number is it? 이 숫자는 뭐예요?

kid : It is 2. 2예요.

Mom : What number is it? 이 숫자는 뭐예요?

kid : It is 10. 10이에요.

Mom : Excellent! 아주 잘했어요.

숫자 연습을 하고 나면 불어놓은 풍선을 위로 통통 쳐보는 연습을 해보자. 4세와 5세 아이들은 풍선을 좋아한다. 하지만 풍선을 치고 다시 잡는 것은 어려워한다. 어린 아이들과 할 때는 최대한 천천히 하는 것이 좋다. 당연히 숫자도 천천히 세어야 한다. 아이의 수준에 맞추어서 해야 아이는 게임을 즐길 수 있다.

6세, 7세는 풍선을 주면 아주 잘 이용해서 놀 줄 안다. 풍선을 주면 교실 꼭대기까지 올릴 기세다. 4세, 5세 아이들과 마찬가지로 먼저 풍선을 위로 통통 치는 연습을 몇 번 한다. 그리고 숫자를 세어본다. 1(one)부터 10(ten)까지 잘하면 20까지도 세어본다. 연습이 어느 정도 했으면 본격적으로 게임을 해보자.

게임을 하다 보면 풍선만 통통 치고 숫자를 세지 않는 경우가 있다. 숫자를 세지 않으면 안 된다는 규칙을 먼저 알려주자. 그리고 높은 숫자까지 잘 세면 스티커나 캔디를 준다. 반드시 보상을 해주자. 만약 동생이 있다면 형이나 누나랑 게임을 같이 하면 더 좋다. 아이들은 배려와 협동심을 배울 수 있을 것이다.

Mom : Let's bounce the balloon and count the number.

　　　　풍선을 쳐보고 숫자도 세어보자.

kid : Okay. one, two, three, four, five…. 하나, 둘, 셋, 넷, 다섯….

Mom : Great! Let's try again! 잘했어. 한번 더 해볼까?

kid : One, two, three, four, five…ten. 하나, 둘, 셋, 넷, 다섯… 열.

Mom : Good job! 정말 잘했어.

아이들은 풍선에 신경 쓰랴 숫자 세랴 정신이 없을 것이다. 우리말도 아니고 영어로 말해야 하니까 더 그러할 것이다. 그래도 아주 재미있어할 것이다. 원래 게임은 정신없이 해야 더 재미있는 법이다. 하지만 숫자를 셀 때 중간에 빼먹거나, 잘못 세면 처음부터 다시 세기로 한다. 항상 규칙은 먼저 말해주고 시작하자.

4세, 5세 아이들은 5(five)까지만 세어도 칭찬과 보상을 해주자. 만약

10(ten)까지 세면 보상을 두 배로 해주자. 그런데 아이가 풍선을 놓치면 울지도 모른다. 이 나이의 아이들은 마음대로 안 되면 일단은 울고 본다. 당황하지 말고 풍선을 손 위에 올려주면 된다.

6세, 7세 아이들은 10(ten)까지 세면 보상으로 박수를 쳐준다. 만약 15(fifteen)까지 세면 스티커를 한 장 준다. 그리고 20(twenty)까지 세면 스티커를 두 장 준다. 보상을 크게 하면 아이들은 숫자를 더 빨리 잘 외운다. 보상을 이용하여 아이들을 학습시킨다는 것이 마음에 걸린다. 하지만 보상만큼 확실한 방법은 없는 것 같다. 풍선게임을 몇 번 하면 아이들은 숫자를 금방 익히게 될 것이다.

풍선을 가지고 또 다른 놀이에 응용해보자. 풍선을 20개 정도 준비해서 전부 불어놓자. 그리고 한곳에 모아두고 풍선에 숫자를 써보자. 이때 아이와 함께 숫자를 써보자. 엄마가 부르는 숫자를 풍선에 쓰면 된다. 이때 순서대로 숫자를 부르지 말고, 무작위로 부르면 더 좋다. 아이는 순서대로 부르면 미리 예상하고 써버리기 때문이다.

숫자가 써진 풍선을 일단 한곳에 모은다. 그리고 풍선 찾기 게임을 해보자. 이때 숫자 카드를 사용하자. 다섯 개의 숫자 카드를 아이에게 먼저 보여주자. 그리고 해당 숫자가 써진 풍선을 아이에게 찾아오도록 하자.

이때 엄마가 다섯까지 세는 동안 모두 찾아오면 된다. 너무 짧다면 열까지 세어도 된다.

아주 사소한 놀이를 하면서 아이들은 재미를 느낀다. 또 재미 안에서도 학습한다. 아이들은 학습할 때 공부만 하는 것이 아니다. 그 안에서 인내심도 배우고, 배려심도 배운다. 단체 수업을 하다 보면 한 아이가 게임을 여러 번 할 기회가 적다. 다른 아이에게도 기회를 줘야 하기 때문이다. 그래서 어쩔 수가 없다. 하지만 집에서는 가능하다. 집에서는 아이가 하고 싶은 만큼 게임을 할 수 있다. 아이가 풍선을 가지고 지칠 때까지 놀아주자. 작은 풍선 하나로 아이들을 재미있게 할 수 있다. 얼마나 놀라운 일인지 모르겠다.

04

똑같은 카드를 빨리 찾아서 외쳐보아요

"I'm proud of you! 자랑스러워!"

숨은 그림 찾기를 해본 경험이 한 번쯤은 있을 것이다. 처음엔 그냥 심심해서 찾으려고 했을 것이다. 그런데 어느새 엄청나게 집중해서 찾고 있는 나를 발견한다. 마지막 한 개는 아무리 뚫어져라 봐도 못 찾는다. 결국 포기하는 사람도 있고, 끝까지 찾는 사람도 있다. 숨은 그림 찾기는 아이부터 어른까지 모두 좋아하는 심심풀이 게임이었다.

예전에 가족 오락관이라는 TV 프로그램이 있었다. 그 프로그램은 그 당시 아주 인기가 많았다. 스피드퀴즈라는 게임이 가장 인기가 있었다. 그 게임은 단어카드를 보고 같은 팀 중 한 명이 설명을 한다. 그리고 그 팀원은 단어를 빨리 맞추는 게임이었다. 아주 단순한 게임이지만 인기가 많았다. 아이들도 마찬가지로 단순한 게임을 좋아한다. 오히려 게임이 어려우면 흥미가 떨어지고 재미가 없다. 원래 인기 있는 게임은 단순하면서도 쉽다.

똑같은 카드를 빨리 찾는 게임은 단순하지만 아주 재미있다. 아이들은 카드를 찾을 때 눈이 아주 빨리 돌아간다. 순간적인 집중력도 엄청나다. 그래서 아이들이 좋아하는 게임 중 하나이다. 방과 후 수업을 할 때 아이들과 나는 이 게임을 한 적이 있었다.

아이들을 두 그룹으로 나눠서 두 팀을 만들었다. 그리고 같은 카드 2세트를 준비한다. 카드에 있는 내용은 이미 방과 후 수업 중에 공부한 내용이었다. 그래서 아이들은 잘 알고 있었다. 그 날은 감정(feeling)에 관한 내용을 가지고 게임을 했다. 이미 공부한 내용이었기 때문에 게임을 하면 게임 진행이 원활했다. 게임하기 전 그림을 보고 말해보고, 그다음 단어를 보고 말하기를 반복하면 된다. 아이들은 그림카드를 보여주면 바로바로 말했다.

– 감정 표정 그림카드를 활용하라

단어카드 : (happy, sad, angry, tired, surprised, scared, cry…) 2세트

집에서 엄마와 아이가 게임을 하면 좋은 점이 있다. 바로 내 아이에게 온전히 집중할 수 있다는 것이다. 아이가 원하는 속도로 진행할 수 있다. 아이도 자신의 속도로 학습하면 부담스럽지 않아 재미있게 공부할 수 있다.

단어카드는 이미 만들어진 카드를 구입할 수도 있다. 하지만 아이와 함께 카드를 만들어보기를 권한다. 함께 만든 카드를 가지고 공부하면 효과도 훨씬 더 좋다. 아이들은 자신이 직접 만든 것에 대해서 애착이 강하다. 어른이 보기엔 종이 한 장에 불과해도 아이에게는 소중한 작품이다. 단어카드를 만들 때 한쪽 면은 그림을 그린다. 그리고 뒷면은 단어를 써서 준비한다. 그림은 화가처럼 그리지 않아도 된다. 미술 시간이 아니고 게임을 하기 위한 도구이기 때문이다. 못난이 그림이 더 웃기고 더 재미를 유발한다. 이것이 바로 엄마와 아이가 함께 하는 공부의 장점이다. 충분한 시간이 있기 때문에 가능한 일이다.

단어 카드가 준비되면 아이와 단어 카드를 가지고 복습해본다. 그리고 게임을 시작한다. 준비한 카드를 모두 바닥에 놓는다. 처음에는 그림이 보이도록 놓아야 한다. 그리고 엄마가 말하는 카드를 찾아보도록 한다.

그림 카드를 보고 잘 찾으면 카드를 뒤집어놓는다. 이번에는 반대로 단어가 보이게 놓고 게임을 한다. 그리고 반복해서 몇 번 해본다. 아이가 잘 찾으면 2세트의 카드를 모두 바닥에 놓는다. 그리고 엄마가 말하는 단어카드를 빨리 찾도록 한다. 게임은 혼자서도 할 수 있고, 형제자매가 있다면 두 명, 그 이상도 같이 할 수 있다.

Mom : Look at the card. How do you feel?

　　　카드를 보세요. 기분이 어떠니?

kid : I am happy. 행복해요.

Mom : That's right. How do you feel? 맞아. 기분이 어떠니?

kid : I am sad. 슬퍼요.

Mom : You are very good! 정말 잘하는구나!

어린이집에서 수업할 때 나는 단어카드를 많이 사용했다. 카드는 대부분 코팅을 해서 만들었다. 그래서 거의 반영구적으로 사용할 수 있었다. 단어 수업을 할 때 아주 유용하게 쓸 수 있는 교구였다. 아이들의 집중력은 대단하다. 내가 단어카드를 빠르게 넘겨도 아이들은 자동으로 대답했다. 아이들과 나는 환상의 호흡이었다. 박자가 쿵짝쿵짝 잘 맞았다. 아이들도 재미있었지만, 나도 가르칠 맛이 났다.

아이들이 잘하면 나도 모르게 더 재미있는 수업을 준비하고 싶어진다.

자식이 음식을 잘 먹으면 더 많이 먹이고 싶은 엄마의 마음이라고나 할까? 더 많이 알려주고 싶은 마음이 생겼다. 솔직히 7세랑 수업할 때가 제일 신나고 재미있었다. 말이 제일 잘 통했다, 척하면 척하는 그런 사이였다. 비록 초등학교에 입학하면 병아리 취급을 받겠지만 말이다.

– 종이컵을 활용하라

준비물 : 종이컵 5개, 단어카드

종이컵을 이용해서 하는 게임도 아이들이 좋아한다. 종이컵은 각 가정에 모두 있을 것이다. 먼저 종이컵 속에 카드를 넣어서 준비한다. 엄마가 종이컵 속에 있는 카드를 확인시켜주고, 종이컵을 정신없이 섞는다. 아이들은 종이컵을 뚫어져라 쳐다볼 것이다. 엄마가 말한 카드가 계속 종이컵 속에서 움직이고 있기 때문이다. 일명 '야바위 게임'이다.

이 게임은 단어를 아무리 잘 안다고 해도, 집중하지 않으면 찾을 수 없기 때문이다. 종이컵이 멈출 때까지 계속 보고 있어야 한다. 침묵과 함성이 계속 반복되면서 이 게임은 끝이 난다.

게임할 때 종이컵에는 아무런 표시를 하지 않아야 한다. 그리고 종이컵의 크기도 똑같아야 한다. 종이컵은 모두 똑같은 것으로 준비해야 한다. 이것은 아주 중요하다. 아이들은 생각보다 눈치가 빨라서 다 알아차린다. 궁금하면 시도해봐도 좋다. 엄마는 종이컵을 잘 섞어야 한다. 만약 너무 천천히 섞으면 아이들이 금방 찾는다. 아이들은 생각보다 잘 찾는다. 아이들을 얕잡아봐서는 절대로 안 된다. 특히 우리 7세 아이들….

4세와 5세 아이들은 반대로 아주 천천히 컵을 섞어야 한다. 만약 너무 빠른 속도로 컵을 섞으면 이 게임은 완전히 망칠 수 있다. 어느 누구도 즐거운 시간을 보낼 수 없다. 천천히 게임을 진행해서 아이들이 최대한 맞출 수 있도록 해야 한다. 자신이 뭔가 했다는 것을 친구들 앞에서 보여줘야 한다. 그렇지 않으면 4세는 또 울 수도 있다. 우리 아이들을 슬프게 만들고 싶지는 않겠지요? 그야말로 'I am sad.'가 되는 것이다.

- 진짜 얼굴을 활용하라

준비물 : 얼굴

엄마의 얼굴은 아주 좋은 게임 도구이다. 아이들 앞에서는 오디션을 통과하지 않아도 모델이 될 수 있다. 아이들은 엄마가 세상에서 제일 예쁜 얼굴이라고 생각하고 있다. 나 역시도 우리 아들이 항상 그렇게 말해주었다. 하지만 초등학교 3학년 때 진실을 알아버렸다. 미녀는 우리 집에 없다는 걸…….

엄마는 행복한 표정, 화난 표정, 놀란 표정, 등등 다양한 표정을 연기해보자. 그러면 아이는 엄마의 얼굴을 보며 대답하고, 반대로 아이가 표정을 지으면 엄마가 맞추어보자. 더 재미있게 하고 싶다면 이런 방법도 좋다. 얼굴 표정을 지을 때 빨리 표정 연기를 하는 것이다. 아마 표정 연기하는 사람도, 맞추는 사람도 더 재미있을 것이다.

단어 공부는 지루한 공부가 될 수 있다. 하지만 우리는 지루한 공부는 싫어한다. 아이들에게 흥미를 유발하는 재미있는 요소를 넣어주어야 한다. 아이들을 재미있게 해주는 방법은 어려운 것이 아니다. 조금만 생각하면 재미있게 할 수 있다. 부모의 노력이 필요하다. 다양한 방법을 활용하여 즐거운 시간을 이끌어내는 것은 우리 어른들의 숙제이다.

일상에서 말해봐요 : 먹을 때

Mom : It's time for lunch. 점심 먹을 시간이야.

Kid : I'm hungry, mommy. 엄마, 배고파요.

Mom : Come and eat. 어서 와서 먹어.

　　　　Chew it well. 꼭꼭 잘 씹어서 먹어.

Kid : It's delicious. 맛있어요.

Mom : It's your favorite food. 네가 좋아하는 거야.

05

다양한 색깔 옷을 준비해 색깔 옷놀이를 해보아요

"Nice work! 잘했다!"

어린이집이나 유치원에서는 1년에 한 번씩 '재롱잔치'를 한다. 재롱잔치는 1년 동안 배운 것을 부모님 앞에서 뽐내는 날이다. 이날 아이들은 놀이동산에서 볼법한 화려한 의상을 입는다. 그 의상들은 반짝반짝하고, 샤방샤방하고, 색깔도 화려하다. 부모님은 아마도 이런 옷을 입어본 적이 없을 것이다. 선생님들끼리도 은근히 예쁜 옷을 먼저 고르기 위해 경쟁하기도 했다. 나 역시도 영어 발표 의상을 화려하고 예쁜 의상 위주로 골랐다.

아이들은 예쁜 옷을 입고 성공적으로 재롱잔치를 마친다. 그런데 재미있는 아이가 있었다. 발표 의상복이 너무 예쁘다며 집에 가져가고 싶다고 했다. 아쉽지만 안 된다고 했더니 실망한 눈치였다. 아이들은 화려한 색깔 옷을 좋아한다.

색깔(color)은 수업 시간에 재미있게 공부하는 주제 중의 하나이다. 의외로 아이들은 색깔을 다양하게 알고 있다. 기본 삼원색은 거의 잘 알고 있다. 빨간색(red), 파란색(blue), 노란색(yellow)이 바로 그것이다. 그 외에도 초록색(green), 오렌지(orange) 등 색깔을 알고 있었다.

여자아이들은 훨씬 더 색깔이 화려한 옷을 입고 온다. 그래서 수업할 때 눈에 더 잘 뜨인다. 남자아이들도 어린 반은 알록달록 무지개색으로 옷을 입고 온다. 나도 아이가 어릴 때 색깔이 확실한 옷을 많이 입혔다. 아이들은 가끔 원복을 입고 등원하는 날도 있다. 이런 날은 피해서 색깔 수업을 진행하면 재미있다.

수업 시간에 '두더지 게임'을 응용한 게임을 했다. 아이들이 두더지처럼 일어섰다가 앉았다. 그날 입고 온 옷 색깔을 잘 알아야 한다. 빨간색 옷을 입고 온 아이는 내가 'red'라고 하면 일어섰다 앉았다. 당연히 'yellow'라고 하면 노란색 옷을 입은 아이는 일어섰다가 앉았다.

4세 아이들은 일어날 때 시간이 걸린다. 알고 있어도 수줍어서 잘 일어나지 않는다. 이때는 색깔 카드를 보여주면 된다. 그러면 좀 더 자신감 있게 일어난다. 4세들은 수업을 하다 보면 점점 색깔하고 상관없이 무조건 일어난다. 신이 나서 무조건 일어나는 것이다. 이것은 바로 통제 불가능 상태다. 그때는 바로 음악으로 신나게 율동하고 앉게 만든다. 한바탕 율동하고 앉으면 아이들은 진정이 된다. 흥을 통제하는 것도 선생님의 능력이다.

7세 아이들은 색깔도 잘 알고 게임도 잘한다. 완전 거의 인간 두더지들이다. 색깔을 말하면 주저하지 않고 일어섰다가 앉는다. 역시 7세는 게임에 강하다. 아이들은 빨리빨리 하는 것을 좋아한다. 속도를 빠르게 하면 탈락자가 속출한다. 정신없이 일어섰다가 앉았다 하다 보면 실수를 하기도 했다. 마지막으로 남은 아이들 몇 명에게는 보상을 해주었다. 탈락한 아이들은 다시 하자고 애원할 정도로 재미있는 게임이다.

색깔(color) 공부를 하기 위해서는 먼저 색깔(color)에 대해서 배워야 한다. 색깔 카드가 있으면 사용하고, 없다면 집에 있는 블록 장난감을 활용해도 좋다. 블록 장난감은 다양한 색깔로 이루어진 놀이감이기 때문이다. 동화책을 활용해 색깔을 공부하는 것도 좋은 방법이다. 색깔에 관한 동화책이 집에 있다면, 동화책을 활용하면 된다. 동화책을 보면서 아이와 책장을 넘기면 된다. 그렇게 색깔을 자연스럽게 익힐 수 있다.

- 집에 있는 옷을 활용하라

아이들 옷장에는 옷이 아주 많이 있을 것이다. 색깔(color)도 다양하다. 작아진 옷도 있고 지금 입고 있는 옷도 있을 것이다. 옷은 색깔을 배울 때 아주 좋은 도구이다. 엄마가 색깔을 말하면 아이는 해당하는 색깔 옷을 찾아오면 된다.

먼저 아이가 잘 알고 있는 색깔을 먼저 찾아오도록 해보자. 어려운 색깔은 맨 마지막에 해도 된다. 가장 흔한 색깔로 시작해보자. 여자아이들은 핑크색(pink) 옷이 많이 있다. 그리고 남자아이들은 파란색(blue) 옷이 많다. 자주 보는 색깔이기 때문에 아이들은 쉽게 찾아온다.

아이들이 잘 찾아오면 더 여러 가지 색깔을 찾아오도록 해보자. 초록색(green), 보라색(purple), 갈색(brown), 등등 다양하게 색깔을 말하고 찾아오게 해보자. 아이들이 옷을 찾아오면 색깔을 외치게 하자. 만약 검정색(black) 옷을 찾아오면 'black'이라고 외치게 하면 된다.

Mom : What color is this? 무슨 색깔이야?

Kid : This is Red. 빨간색이에요.

Mom : What color is this? 무슨 색깔이야?

Kid : This is Yellow. 노란색이에요.

Mom : You're very good! 정말 잘했어!

아이가 찾아온 옷을 한곳에 잘 모아두자. 그리고 두 번째 게임을 이어서 해보자. 아이들이 찾아온 옷을 하나씩 살펴보자. 아이들은 바지를 여러 개 찾아오기도 하고, 티셔츠를 여러 개 찾아오기도 할 것이다.

이번에는 아이들이 찾아온 옷을 직접 입어보는 게임을 해보자. 간혹 모자를 찾아온 아이도 있을 것이다. 그리고 가방을 찾아온 아이도 있을 것이다. 어떤 것이든 상관없이 색깔만 맞게 찾아오면 괜찮다. 신발을 찾아와도 된다고 말해주자. 오히려 다양한 소품이 있으면 더 재미있게 놀수 있다.

엄마가 색깔을 말하면 해당하는 색깔 옷을 아이가 입도록 한다. 바지도 상관없고 티셔츠도 상관없다. 본인이 입고 싶은 것 아무거나 입으면된다. 하지만 색깔은 정확히 맞게 입어야 한다. 바지를 두 개 입어도 되고 모자를 두 개 써도 된다. 중요한 것은 색깔이다. 아이들은 본인이 바지를 두 개씩 겹쳐 입으면서 웃을 것이다. 다리가 들어가지 않아도 분명히 억지로 입을 것이다. 평소에 엄마가 보면 깜짝 놀랄 일이다. 하지만 게임에서는 허용이 된다. 그러니 아이들은 얼마나 재미있다고 생각할까? 정말 웃긴 장면들이 많이 나올 것이다.

Mom : Put on your red clothes. 빨간색 옷을 입어보렴.
Kid : Okay. Mom. 네. 엄마.
Mom : Put on your brown clothes. 갈색 옷을 입어보렴.
Kid : Yes, I did. 네. 엄마.

옷 입기 게임은 엄마도 같이하면 더 재미있다. 엄마가 적극적으로 참여해야 아이도 즐겁게 할 수 있다. 아이한테는 하라고 하고 엄마는 쏙 빠지면 재미없지 않은가? 엄마는 아이가 색깔을 말하면 재빨리 옷장으로 달려가야 한다. 엄마도 바지를 두 개 입어도 된다. 아니 세 개 입으면 더 재미있는 놀이가 될 것이다. 아이들도 엄마 놀리는 법을 알고 있다. 아마 웃느라 게임이 중단될 수도 있다.

옷 입기 게임이 끝나면 엄마는 아이 사진을 찍어주자. 사진으로 추억을 남기는 것이다. 게임도 하고 사진도 찍고 재미가 두 배가 된다. 또 아이는 엄마 사진을 찍어주기로 하자. 아주 재미있는 추억이 될 것이다. 제일 마음에 드는 색깔을 말하고 사진을 찍어보자. 우리가 사진 찍을 때 '김치~'하고 찍듯이 말이다. Blue~.

아이는 옷 입기 놀이를 통해서 색깔 공부를 했다. 아니 색깔 놀이를 했다고 해야 할 것 같다. 엄마 아빠는 처음 보는 놀이라고 생각할 수도 있다. '집에 있는 옷을 가지고 이렇게 놀 수 있다니.' 하고 말이다. 일상생활에서 놀면서 공부할 수 있는 것은 셀 수없이 많다. 우리가 미처 몰랐을 뿐이다. 영어를 가르치는 선생님들은 늘 고민하고 찾는다. 아이들을 즐겁게 해줄 일들을 말이다. 엄마 아빠도 주변을 둘러보자. 무엇으로 우리 아이와 즐겁게 놀 수 있을 것인지…….

06

낚시터 물고기 낚아채며 단어를 외쳐보아요

"You're incredible! 너는 정말 대단해!"

집에 낚시하는 장난감은 하나씩 있을 것이다. 아이들 호기심을 자극한 장난감은 시중에 많다. 당연히 우리 아이도 샀다. 낚시 장난감을 사서 날마다 낚시하느라 혼났다. 아이들은 좋아하는 장난감이 생기면 그것만 가지고 한동안 논다. 이 낚시 장난감이 바로 그렇다. 물고기와 낚싯대에 자석이 붙어 있어서 재미있게 놀 수 있다. 잡힐 듯 말듯 잡힐 듯 말듯 스릴감이 장난이 아니다. 진짜 낚시하는 것처럼 말이다.

나는 낚시 장난감을 응용해서 교구를 만들었다. 수업 시간에 아이들과 수업하면 대박이다 싶었다. 낚싯대도 만들고 물고기도 만들었다. 특히 알파벳 수업할 때 활용하면 좋다. 알파벳뿐만 아니라 다른 수업에도 활용도가 높다. 한번 만들어 놓으면 다양하게 쓸 수 있다.

　낚시 교구를 수업 시간에 꺼냈고, 그날 수업은 완전 대박이었다. 아이들이 서로 물고기를 잡는다며 손을 들었다. 집에서 하는 낚시와 수업 시간에 하는 낚시는 또 다른 세계였다. 물고기를 잡은 아이들은 진짜 물고기를 잡은 것처럼 기뻐했다. 사실 움직이지 않는 물고기라서 잡기는 쉬웠다.

　4세와 5세 아이들도 물고기를 잡으려고 애를 썼다. 잡아서 매운탕 끓일 것도 아닌데 말이다. 아이들은 열심히 물고기를 낚았다. 여기는 교실이 아니라 완전 낚시터였다. 어디선가 생선 냄새가 나는 것도 같았다. 6세와 7세는 전문 낚시꾼들이었다. 모두 어찌나 낚시를 잘하는지 대단했다. 말하면 바로바로 낚아 올렸다. 아빠가 낚시하는 것을 본 아이들은 흉내도 잘 내었다. 월척을 잡았다는 등 어른들의 흉내를 따라 했다. 하지만 내가 만든 물고기는 크기가 모두 똑같았다.

　나는 알파벳 수업이 지겨울 때쯤 낚시 수업을 했다. 대문자 물고기도 만들고 소문자 물고기도 만들었다. 그리고 번갈아 가면서 수업을 했다. 하루는 대문자로만 수업을 했다. 그리고 그다음 시간은 소문자로만 수업을 했다. 몇 번 반복하면서 아이들과 재미있게 수업을 했다.

좋은 교구는 뭐니뭐니 해도 다양하게 활용할 수 있는 것이 좋은 교구다. 바로 이 낚시 교구가 그런 교구이다. 단어 공부할 때도 활용할 수 있다. 그리고 스토리텔링할 때도 활용할 수 있다. 내용만 바꾸어서 다양하게 활용할 수 있는 좋은 교구이다.

- 낚시 장난감을 활용하라

준비물 : 낚싯대, 클립, 자석, 털실, 나무젓가락, 물고기 알파벳 (대문자, 소문자)

집에서 아이들과 물고기 잡기 놀이를 해보길 권한다. 준비물이 많아 보이지만 복잡하지 않다. 준비하는 과정 또한 즐기면 재미있을 것이다. 가장 먼저 물고기 알파벳을 만들자. 적당한 크기로 물고기를 그려서 그 위에 알파벳을 쓰면 된다. 대문자 물고기와 소문자 물고기를 따로 만들어두자. 만약 두꺼운 종이로 만들면 양면을 다 이용할 수 있다. 한쪽은 대문자를 써놓고 뒷면은 소문자를 쓰면 완성이다. 이때도 역시 아이와 함께 만들면 좋다. 자연스럽게 알파벳을 써보는 시간이 된다. 물고기 크기를 다르게 만들면 더 재미있을 것이다.

알파벳 물고기에 클립을 꽂아놓으면 낚시 준비가 거의 다 됐다. 만약 집에 낚싯대가 없으면 만들면 된다. 먼저 나무젓가락에 긴 줄을 연결한다. 그리고 끝에 자석을 매달아놓으면 완성이다. 이제 물고기 잡으러 가기만 하면 된다.

Mom : Let's go fishing! Are you ready? 낚시하러 가자. 준비됐어?

Kid : Yes. I am. 네.

Mom : Catch the fish. Where is 'A'? 물고기 잡아봐. A 어디있어?

Kid : Here it is. 여기 있어요.

Mom : Great job! 잘했어!

Mom : Do you want to play again? 한번 더 할까?

Kid : Yes. I do. 네.

물고기 잡기 게임은 아빠와 함께 하면 2배 더 재미있다. 아이들이 기억 못 할 것 같지만 다 기억한다. 아이는 어려도 행복했던 순간은 기억한다. 우리 아이도 어렸을 때 놀았던 이야기를 종종 하곤 한다. 나는 우리 아이와 게임할 때 간식으로 고래 모양의 과자를 준비했다. 아이가 잘하면 과자를 하나씩 먹도록 했다. 효과는 100%였다. 간식을 먹기 위해서라도 열심히 했다. 맛있는 간식을 준비해서 낚시하면서 먹도록 해보자. 효과는 내가 보장한다. 낚시 수업은 한 번도 실패한 적이 없다.

7세는 낚시 게임을 너무 쉽게 할 수도 있다. 그래서 조금 더 난이도를 높여서 할 수 있다. 상자를 한 개 구해서 물고기들을 상자 속에 넣어둔다. 그리고 상자를 슬슬 흔든다. 그러면 물고기들은 이리저리 움직일 것이다. 진짜 물고기처럼 말이다. 물고기가 움직이면 잡기는 더 어렵다. 하지만 더 재미있어 할 것이다. 너무 쉬우면 흥미가 떨어진다.

나이가 어리다고 해서 반드시 게임을 못하는 것은 아니다. 아이들마다 발달 정도가 다르다. 만약 아이가 잘하면 수준을 높여서 해도 된다. 또 7세라고 해도 소극적이면 쉬운 방법으로 하면 된다. 아이의 수준을 잘 관찰하여 재미있는 놀이가 되도록 하자.

낚시 게임이 너무 쉽다면 물고기를 멀리 놓고 해보자. 그럼 낚싯줄도 당연히 길게 만들어야 한다. 멀리 있는 물고기를 잡는 것은 아주 어렵다. 아빠가 등장할 타이밍이다. 이때 아빠가 실력 발휘를 해야 한다. 아빠라고 다 잘하는 것은 아니지만, 아이에게 아빠의 실력을 제대로 보여줄 타이밍이다. 간단한 팁을 주자면 물고기에 클립을 더 많이 꽂으면 된다. 그러면 물고기 잡기가 더 쉬워진다. 낚싯대를 잘 활용하여 물고기를 잡으면 된다.

학부모 참여 수업을 할 때 아빠가 오시면 반드시 시켰다. 안 시켜주면 아빠들이 서운해하신다. 내가 보기엔 그랬다. 아이들은 평소 배운 것을 시켰다. 그리고 아빠는 좀 더 어려운 것을 시켰다. 아빠의 희생으로 참여 수업은 항상 즐겁게 진행되었다.

다른 아빠가 실수하는 것을 모두 보았다. 그래서 다음 순서의 아빠는 정말 진지하고 열심히 한다. 그리고 엄청 긴장하신다. 그래서 나는 항상 선물을 준비했다. '이태리 장인이 한 땀 한 땀 만든 수제 이쑤시개'라고 하며 선물을 드렸다. 심지어 이쑤시개는 인기가 좋았다. 학부모들에게 짓궂게 했지만 모두 재미있게 그 시간을 즐겼다.

아이들은 집에서 놀면 대부분 정적인 놀이를 한다. 동화책을 읽고, 장난감을 가지고 노는 게 전부다. 그래서 가끔은 동적인 놀이도 필요하다. 아이와 집에서 할 수 있는 활동적인 놀이를 찾아서 함께 해보자. 부모와 함께하는 동적인 놀이는 아이에게 좋은 영향을 줄 수 있다. 부모님이 친구처럼 놀아준다는 것은 아이에게 신나는 일이다.

낚시놀이뿐 아니라 집에서 아이와 놀아줄 수 있는 방법을 찾아보자. 의외로 아이들은 엄마 아빠와 함께 놀기를 원한다. 부모님이 힘들어서 그렇지 아이들은 언제든지 놀 준비가 되어있다. 우리 아이들과 놀아주려면 강인한 체력도 필요하다. 우리 남편도 점점 아이랑 놀아 주는 게 힘에

부친다고 한다. 체력 관리를 잘해서 우리 아이랑 오랫동안 놀아주자. 엄청난 사실 하나를 알려줄까 한다. 우리 아이들은 금방 커버린다는 사실을.

일상에서 말해봐요 : 옷 입을 때

Mom : Let's get dressed. 옷 입자.

Kid : Yes, mom. 네, 엄마.

Mom : what do you want to wear? 무슨 옷 입을래?

Kid : I want to wear this dress. 드레스 입고 싶어요.

Mom : It looks nice on you. 잘 어울린다.

　　　 Put on your shoes. 신발 신어.

Kid : Yes, I did. 다 신었어요.

07

신문지를 활용한 스트레스 해소 액티비티

"How nice! 착하구나!"

요즘은 스트레스를 안 받고 사는 사람은 거의 없다. 그런데 어른만 스트레스를 받는 것은 아니다. 아이들도 당연히 스트레스를 받는다. 아이들도 사회생활을 하고 있다. 어린이집을 다니는 것도 엄연히 사회생활이다. 우리 아이들이 어린이집 끝나고 오면 많이 위로해주어야 한다.

맛있는 간식도 많이 준비하고, 편하게 쉴 수 있도록 해주어야 한다. 온종일 규범 속에서 생활하다가 왔기 때문에 많이 피곤하다. 어쩌면 아빠가 퇴근하고 온 모습과 거의 흡사할지도 모른다.

어린이집에서 아이들은 도착하면서부터 정해진 규칙을 따른다. 제일 먼저 자신의 이름이 써진 신발장에 신발을 넣는다. 그리고 자신의 교실인 개나리반으로 들어간다. 아이가 메고 간 가방은 자신의 이름이 써진 진열장에 놓는다. 모든 일이 정해진 규칙대로 움직인다.

사실 이 모든 것이 규칙이라고 말하지만 스트레스다. 정해진 곳에 자기 물건을 놓지 않으면 혼나기도 한다. 정해진 시간 동안 수업을 듣는 것도 스트레스다.

사람은 본래 자유를 사랑한다. 마음대로 하는 것이 제일 행복하다. 그런데 이렇게 마음대로 살기는 어렵다. 무인도라면 모를까……. 마음대로 하면 주변 사람이 힘들어한다. 본인 역시도 주변에 사람이 없다.

어린이집 방과 후 수업 시간에 아이들과 얼굴(face)을 공부한 적이 있었다. 눈(eyes), 코(nose), 입(mouth), 귀(ears), 머리카락(hair) 등. A4 종이를 한 장씩 나누어 주었다. 그리고 얼굴을 그려보게 했다. 먼저 얼굴을 그리고 다음은 선생님이 말하는 것을 하나씩 그려나가기로 했다.

내가 코(nose)를 말하면 코(nose)를 그렸다. 그리고 눈(eyes)을 말하면 눈(eyes)을 그렸다. 사람은 코가 하나이고, 눈은 두 개다. 그리고 귀는 두 개이고, 입은 한 개다. 눈치 챘을지 모르겠다. 지금부터 우리는 괴물(monster)을 그릴 것이다.

아이들은 내가 말하는 대로 얼굴 속에 그림을 그렸다. 그림은 점점 이상하게 변해갔다. 하지만 아이들은 재미있어했다. 아이들은 단어를 더 많이 불러달라고 했다. 최대한 못생긴 괴물을 만들고 싶었나 보다. 못생긴 얼굴을 만들려고 영어 단어를 더 불러달라고 했다. 나에게는 그것이 더 재미있는 일이었다.

못생긴 괴물을 보면서 아이들은 키득키득 웃었다. 다 완성한 후 우리는 그 종이를 찢기로 했다. 못생긴 괴물을 마구마구 찢어 버리기로 했다. 아이들은 종이를 찢기 시작했다. 그리고 마지막에는 그 종이를 높이 던져서 뿌렸다. 교실 천장에서 눈이 내리는 것 같았다. 아이들과 나는 그날 괴물을 만들어 찢어서 날렸다. 이렇게 아이들과 스트레스를 날려버리는 시간을 보낸 것 같다. 비록 교실 바닥을 청소하느라 시간이 조금 걸렸지만 말이다.

그럼 이제 집에서 아이들의 스트레스를 날려주자. 그럼 어떻게 해야 할까? 한 가지 방법이 있다. 신문지를 이용하면 된다. 신문지를 가지고 아이들 마음대로 놀게 할 것이다.

- 신문지를 활용하라

준비물 : 신문지, 테이프

요즘은 사람들이 신문을 많이 구독하지 않는다. 그래서 신문을 구하기 어려울 수도 있다. 하지만 구하려고 마음먹으면 신문을 구할 수 있다. 길거리에서 정보지를 구할 수도 있다. 신문은 최대한 많이 모으면 게임 할 때 유용하다. 신문지를 이용해 무엇이든지 만들 수 있다. 아이들은 정체 모를 모양을 만들어서 꽃이라고도 할 것이다. 그럼 그냥 꽃이라고 해두자. 나비라고 하면 나비라고 해두자. 아이의 상상력에 스크래치를 내지 말자.

신문지를 준비했으면 아이와 함께 숫자를 세면서 찢어보자. 1(one)부터 10(ten)까지 세면서 찢어본다. 아이가 숫자를 잘 세면 20(twenty)까지 세면서 찢어본다. 그리고 다음부터는 아무렇게나 찢고 싶은 대로 찢게 한다. 거실에 신문지가 어마어마하게 널려 있을 것이다. 아이들과 신문지를 서서히 뭉쳐서 공을 만들 것이다. 공을 최대한 여러 개 만들어서 준비해 놓자. 아이들은 신나서 공을 잘 만들 것이다. 신문지 공을 가지고 '눈싸움'처럼 '공 싸움'을 할 것이다. 아이들은 생각만 해도 즐거울 것이다. 신문지 공은 딱딱하지 않아서 다칠 위험은 없다. 그래도 아이의 얼굴에 맞지 않도록 조심히 게임을 하자.

Mom : Tear your newspaper then I will count to ten.

신문지를 찢어봐 열까지 셀게.

Kid : Yes. Mom. 네. 엄마.

Mom : Can you make a big ball? 큰 공을 만들 수 있겠니?

Kid : Yes, I can. 네. 할 수 있어요.

Mom : Let's have a ball fight. Are you ready?

공 싸움을 해볼까? 준비됐어?

Kid : Yes. I am ready. 네. 준비됐어요.

아이와 신나게 공 싸움이 끝나면 여기저기 신문지 공이 있을 것이다. 이 공들을 그냥 버리기엔 너무 아깝다. 그래서 2차로 눈사람을 만들 것이다. 이때 테이프를 사용하자. 테이프를 사용해 공을 하나씩 하나씩 붙이자. 그러면 점점 커다란 공 모양이 만들어질 것이다. 커다란 공 두 개를 만들고 연결해서 눈사람을 완성한다. 공이 많을수록 더 커다란 눈사람을 만들 수 있다. 엄마가 신문지를 얼마만큼 구해왔는지에 따라서 눈사람의 크기는 달라진다. 손이 까맣게 되고 신문지 공을 만드느라 힘들었다. 하지만 힘든 것보다 훨씬 재미있는 시간을 보냈다. 겨울이 오기만을 기다리지 말고 공 싸움을 해보자. 공은 언제든지 만들 수 있으니까 말이다.

신문지가 이렇게 좋은 게임 재료가 될지 상상해봤는가? 가장 흔한 음식이 가장 맛있는 것처럼, 평범한 신문지가 좋은 놀이 재료가 되었다. 좋은 장난감도 놀다 보면 금방 싫증 나기 마련이다. 가격이 비싸다고 해서 항상 좋은 것은 아니다. 어떻게 잘 활용하느냐가 항상 중요하다.

아이와 그전에 배웠던 내용을 복습할 때도 신문지 공을 활용할 수 있다. 벽 쪽에 단어카드를 붙여 놓고 신문지 공으로 맞추는 것이다. 카드를 맞추는 것도 중요하다. 하지만 아이들이 신문지 공을 있는 힘껏 던지도록 해주자. 비록 엉터리 카드에 공이 맞더라도 박수를 쳐주자. 그리고 아이가 지칠 때까지 공을 던지게 해주자.

아이들도 엄마도 힘이 없고 스트레스를 받으면 신문을 무조건 찢어보자. 실제로 신문지 놀이는 어른들 놀이에도 많이 이용된다. 그만큼 신문지를 활용한 놀이는 남녀노소 모두 즐길 수 있는 놀이이다. 아이랑 놀아줘야 하는데 정말 할 것이 없으면 이 놀이를 하면 된다. 아이도 스트레스 풀 수 있고, 엄마도 스트레스를 날릴 수 있다. 한마디로 '너 좋고 나 좋고'다. 커다란 신문지 공을 밖에 들고 나가서 발로 뻥 차보자. 10년 묵은 스트레스가 날아갈 것이다.

일상에서 말해봐요 : 정리할 때

Mom : Clean up your room. 방 청소해.

Kid : Yes, mommy! 네, 엄마.

Mom : It's time to clean up! 청소할 시간이야.

Kid : Clean up! Clean up! 청소하자. 청소하자.

Mom : Put your toys away. 장난감도 치워야지.

Kid : Okay, mommy. 네, 엄마.

08

동화책이나 집안의 물건 찾아오기 게임을 해보아요

"How smart! 똑똑하구나!"

학교에서 소풍을 가면 보물찾기는 항상 했다. 보물찾기는 소풍의 하이라이트였다. 선생님들은 보물이 적힌 종이를 꽁꽁 잘 숨겼다. 아무리 눈을 크게 떠도 보이지 않았다. 나무 위도 찾아보고 돌 밑에도 찾아보았다. 그리고 풀숲도 보았지만 어디에도 없었다. 도대체 선생님들은 보물을 어디에 숨겼는지 보이지 않았다. 너무 속상했다.

어디선가 보물을 찾은 아이들이 한 명씩 나타났다. 보물을 찾은 아이들은 좋아서 어쩔 줄 몰라 했다. 소풍을 갈 때마다 이번에는 꼭 찾아야지 하고 마음을 굳게 먹었다. 하지만 항상 빈손이었다. 보물찾기는 거의 요즘 말로 로또 당첨이랑 비슷한 것 같았다. 나 빼고는 다 되는 것 같았다.

내가 숨기면 쉬운 곳에 숨길 텐데 하고 항상 생각했다.

우리 가족은 함께 놀이동산에 갔다. 그날은 날씨가 너무 좋았다. 들어가는 입구에서부터 사람들이 줄을 길게 서 있었다. 표를 끊고 놀이동산 안으로 들어갔다. 그런데 안내직원이 오늘 이벤트를 한다며 종이를 나누어주었다.

나는 깜짝 놀랐다. 보물찾기를 한다는 것이었다. 보물을 엄청나게 숨겨놓았으니 긁어가라고 했다. 내 눈에는 그렇게 보였다. 보물찾기는 나에게 아픈 추억이 있다. 그래서 자신이 없었다. 하지만 옆에 우리 아들이 있는 이상 반드시 보물을 찾겠다고 다짐했다. 그리고 아들에게 보물을 꼭 찾아주겠다고 약속까지 했다.

나와 남편은 놀이기구는 뒷전이고 보물부터 찾자고 돌아다녔다. 사실 우리 남편은 눈이 아주 작다. 내가 항상 눈 떴냐며 놀리는데 오늘은 정말 크게 뜨고 돌아다녔다. 처음에는 같이 다니다가 나와 남편은 흩어지기로 했다. 007작전을 펼치기로 한 것이다.

저쪽에서 남편은 보물을 찾았다며 큰 소리로 나를 불렀다. 나는 남편이 너무 자랑스러웠다. 그런데 나는 아직 빈손이었다. 오늘도 허탕 치면 안 된다는 생각뿐이었다. 그리고 우리 아들 얼굴이 떠올랐다. 그런데 그 때 내 눈앞에 핑크색 종이가 보였다. 그것은 바로 보물찾기 이벤트 종이 였다. 나는 남편보다 더 큰 소리로 찾았다며 좋아했다. 보물찾기는 대성공이었다.

가끔 보면 아이들은 어른들 생각보다 더 어른스러울 때가 있다. 심부름을 시키면 곧잘 하곤 한다. 차 열쇠가 안 보인다고 하면 어디선가 열쇠를 들고 나타난다. 내가 못 찾은 건지 아이가 잘 찾은 건지 모르겠지만 잘 찾아왔다. 핸드폰이 안 보인다고 하면 또 어디선가 찾아왔다. '엄마 물건은 엄마가 잘 챙기셔야죠.' 하면서 주는 것 같았다.

– 타이머를 맞추고 동화책 찾아오기

평소 우리 아이가 즐겨 읽는 동화책은 거의 똑같은 자리에 있다. 책을 읽고 나면 제자리에 놓기 때문이다. 우리 '아기 돼지 삼 형제' 읽을까 하고 말하면 쪼르르 가서 찾아온다. 뒤뚱뒤뚱 달려오는 모습이 펭귄처럼 귀엽다. 만약 아이에게 엄마가 다섯까지 셀 동안 책을 가지고 오라고 하면 과연 어떨까? 자주 보는 책은 금방 잘 찾아올 것이다. 하지만 가끔씩 읽은 책은 시간이 더 걸릴 수도 있다. 아이가 좋아하는 장난감은 말하기가 무섭게 찾아온다. '뽀로로' 어디 있어? 하면 큰 인형부터 작은 것까지 모조리 다 가지고 온다. 장난감 자동차도 역시 잘 찾아온다. 아이들은 자기가 평소에 즐겨 놀던 것은 어디 있는지 위치까지 알고 있다. 우리는 이점을 이용해서 아이와 게임을 할 것이다.

찾을 목록은 정해진 것이 따로 없다. 아이는 책을 찾아와도 되고 장난감을 찾아와도 된다. 집 안에 있는 모든 물건을 찾는 미션을 해보자. 예를 들면 아빠 넥타이를 찾아오라고 해도 된다. 또 엄마 안경을 찾아와도 된다. 어떤 물건도 상관없다. 대신 타이머를 사용해보자. 쉬운 것은 시간을 짧게 주고, 어려운 것은 시간을 더 주면 된다. 4세와 5세는 놀이를 할 때 시간을 충분히 주어야 한다. 일어나서 달려가는 시간은 6세나 7세보다 더 걸리기 때문이다. 우리의 역할은 아이에게 기쁨을 더 누리도록 하는 것이다.

처음은 무조건 쉽게 해야 한다. 그래야 아이도 성취감을 맛볼 수 있다. 아이가 제일 좋아하는 물건을 첫 번째 미션으로 정해보자. 너무 쉽다고 생각하고 얼른 찾아올 것이다. '이렇게 쉬운 것을 누가 못 찾나.' 하면서 말이다. 이래야지 게임은 긍정적으로 흘러간다.

문제가 어려워지면 아이는 점점 진지해질 것이다. 얼굴에는 웃음기가 사라질 것이다. 집안 곳곳을 돌아다니며 계속 찾을 것이다. 평소에는 넓어 보이지 않던 집이 크게 느껴질지도 모른다. 타이머는 계속 작동하고 있고 마음은 급해질 것이다. 아이들은 힌트도 달라고 할 것이다. 힌트는 없다. 게임은 냉정하다. 너무 간절하면 조금만 힌트를 주자.

게임을 시작하기 전에 엄마는 찾을 물건을 미리 정해놓자. 갑자기 말하려고 하면 비슷한 것만 계속 말할 수 있기 때문이다. 계속 동화책만 찾는다든지 장난감만 찾게 된다. 여러 가지 다양하게 찾을 수 있도록 목록을 미리 생각해놓자.

아이가 게임을 다 마치면 이번에는 엄마 차례이다. 엄마가 물건을 찾아오도록 아이가 문제를 내는 것이다. 엄마와 아이의 위치가 서로 바뀐 것이다. 아이들은 생각 외로 문제를 잘 낼 수 있다. 당근을 찾아오라고 하든지 양파를 찾아오라고 하든지……

Mom : Find your fire truck before I count to five.

　　　 The timer is working now. Run!

　　　 다섯 셀때까지 소방차를 찾아봐.

　　　 타이머 작동했어. 달려!

Kid : Here it is. 여기있어요.

Mom : Wow. You're very good! 우와. 잘했어!

Mom : Find your bag before I count to ten.

　　　Move! The timer is working now.

　　　열셀 때 까지 가방을 찾아봐.

　　　빨리가! 타이머 작동했어.

Kid : Yeah~ I found my bag. 예~ 가방 찾았어요.

게임을 하기 전 한 가지 팁이 있다. 목록을 준비했으면 그 목록으로 Guessing game(추측하기 게임)을 하는 것이다.

첫 번째 문제가 '우산'이라고 해보자. 그러면 엄마가 '우산'에 대해서 설명한다. 그리고 아이는 무엇인지 맞추는 것이다. 이것이야말로 놀이의 확장이다.

목록을 바로 말하고 찾는 것보다 훨씬 게임이 풍성해진다. 놀이 시간도 당연히 더 길어진다. 아이들은 더 좋아할 것이다. 하지만 엄마 아빠는 놀이 시간이 길어지면 싫어할지도 모르겠다. 반대로 이번에는 엄마가 찾을 물건을 아이가 설명한다. 그리고 엄마가 물건을 찾는다. 설명을 들은 엄마는 찾으러 가야 한다. 과연 엄마가 찾으러 갈 수 있을지는 모르겠지만, 그 과정이 굉장히 즐거울 것이다. 아이의 설명을 이해해야 찾으러 갈 수 있기 때문이다. 아이의 설명을 잘 듣고 빨리 찾으러 가야 한다. 우물

쭈물할 시간이 없다. 타이머가 계속 작동하고 있기 때문이다. 타이머는 이 게임의 한 수다. 아이도 설명이 빨라지고 찾으러 가는 엄마도 급해진다. Tick tock….

하루 동안 아이와 부모의 대화 시간은 그렇게 많지 않다. 집에서 간단한 놀이도 해주지 않는 경우도 많다. 저녁에 밥 먹고 잠자고 다시 일상이 시작된다. 이렇게 반복되면 부모와 아이의 애착 관계도 미미하다. 특히 아빠들은 피곤하다는 핑계로 잘 놀아주지 않는다.

엄마는 피곤하지 않아서 아이와 놀아주는 것이 아니다. 아이와 계속 이야기하고 아이 말을 들어준다. 그것 자체가 놀아주는 것이기 때문이다. 우리 아이가 무슨 반찬을 잘 먹는지, 무슨 색깔을 좋아하는지 알고 있을까? 타이머를 맞추고 아이와 대화해보자.

Tick tock….

4장

하루 10분
읽어주고,
보여주고, 들려주기

01

10분 책 놀이는 아이의 눈과 귀를 즐겁게 만든다

"Good for you! 잘했어!"

　아이들의 집중력은 아주 짧다. 잠시도 가만히 있지 않는다. 방금 여기 있다가 어느새 저쪽으로 가 있다. 장난감도 한 가지를 가지고 오래 놀지 않는다. 모든 아이들이 다 그런 것은 아니다. 대부분의 아이들이 그렇다는 것이다. 아이들은 왜 이렇게 진득하게 앉아서 하지 못할까? 문제가 있어서 그런 걸까? 우리 아이만 이런 걸까? 질문은 꼬리에 꼬리를 물고 간다.

　아이가 좋아하는 것을 해도 과연 그럴까? 당연히 아니다. 좋아하면 집중하게 되어 있다. TV에서 만화가 나오면 순간 정지하고 본다. 눈도 안 깜빡이고 쳐다본다. 나는 우리 아이가 순간 정지하는 것을 여러 번 보았다. 긴 시간은 아니지만 집중해서 보고 있었다. 그것은 바로 아이에게 행복감을 주는 시간이다. 아이에게 순간 정지 할 수 있는 시간을 주어야 한다.

우리 아이는 동물을 좋아했다. 동물 소리가 나면 유독 귀를 쫑긋하고 들었다. 어디서든 동물이 보이면 가까이 가서 보고 좋아했다. 동화책도 동물에 관한 책을 많이 읽었다. 그래서 동물원도 자주 데리고 갔다. 동물에 관한 책을 많이 읽다 보니 자연스럽게 동물 이름을 많이 알게 되었다.

아이들은 자신이 좋아하는 것은 자주 놀고 만진다. 좋아하는 분야도 모두 다르다. 식물을 좋아하는 아이도 있고, 자동차를 좋아하는 아이도 있다. 또 스포츠를 좋아하는 아이도 있다. 너무 다양해서 일일이 다 말할 수는 없다. 아이가 좋아하는 것을 알았다고 하자. 그러면 우리는 그것을 할 수 있도록 정보를 제공해 주어야 한다. 나는 우리 아이에게 동물을 많이 접할 수 있도록 해주었다. 동물을 좋아했으니까 말이다. 가장 쉬운 방법은 동화책을 사는 것이었다.

나는 동화책을 살 때 가장 먼저 그림을 살펴보았다. 그림이 크고 예쁜 책 위주로 구입했다. 아이가 아직 글을 읽지 못하기 때문에 내용보다는 그림이 좋은 책 위주로 샀다. 그림이 크거나 재미있게 그려진 것을 찾았다. 아이는 책을 보면서 "엄마, 호랑이다. 호랑이." 하며 나에게 알려주기도 했다. "엄마, 호랑이는 어흥 하지?" 하면서 계속 말을 걸었다. 아이는 자기가 알고 있는 동물이 나오면 동물 박사님처럼 친절하게 이름을 알려주었다.

아이가 좋아하는 책은 반복하면서 계속 읽어도 좋아했다. 아이가 어릴 때 책을 찢는 일도 있었다. 그때는 정말 어렸을 때다. 자기가 좋아하는 얼룩말이 나왔는데 책을 찢어버렸다. 나는 아무렇지 않게 책을 찢도록 놔두었다. 책은 또 사면 되니까 혼내지 않았다. 찢는 것을 너무 좋아해서 마트 전단지를 찢으라고 주기도 했다.

아이와 함께 책 읽기가 어렵다는 엄마들을 많이 보았다. 멀리 가지 않아도 내 근처에도 있었다. 그 집 아이는 너무 활동적이어서 가만히 앉아 있지 않았다. 남자아이였는데 책은 절대 보려고 하지 않았다. 엄마는 책을 잔뜩 사놓았는데, 아이는 손도 대지 않고 있어서 스트레스를 받고 있었다. 그 집 아이는 블록 놀이를 좋아했다. 혼자서 계속 무언가를 만들었다. 분명 그 아이도 좋아하는 것이 있었다. 엄마는 아이가 항상 블록만 가지고 논다며 속상해했다. 나는 드디어 어떤 책을 사야 하는지 알 수 있었다. 다 눈치 챘을 것 같다. 블록에 관한 책을 읽으면 아이가 좋아할 것 같았다.

아이와 책 읽기를 할 때 적당한 시간은 10분 정도가 딱 좋다. 아이는 앉아서 읽을 준비를 하는 데도 시간이 걸린다. 아이도 마음의 준비를 해야 한다. 책표지도 보면서 이야기하고, 아이에게 기대감을 심어주어야 한다.

첫 장을 넘기면 벌써 6~7분이 다 되어간다. 두 번째 장을 넘기면서 이야기하다 보면 10분이 다 된다. '10분 다 되었네.' 하고 아이에게 말해보자. 아이는 이야기가 이제 시작되나 보다 하고 생각한다. 그런데 엄마가 10분이 다 되었다고 한다. 엄마는 아이를 잘 요리해야 한다. 아이는 더 읽어달라고 할 것이다. 다음 내용이 궁금해서 분명히 더 읽자고 할 것이다. 우리 엄마들은 아주 영리한 배우가 되어야 한다. 우리 아이를 위해서 말이다.

10분을 전부 다 책 읽는 시간이라고 생각하지 말자. 먼저 아이를 기다려주고, 마음을 열게 해주어야 한다. 천천히 한 장씩 읽다 보면 어느새 10분이 된다. 책은 반드시 아이가 좋아하는 분야로 시작해야 한다. 시작이 훨씬 쉬울 것이다. 나는 새로운 주제로 시작하는 첫 수업은 스토리텔링 수업을 했다. 선생님은 당연히 동화의 내용을 완벽하게 알고 있어야 한다. 또 이야기 속 등장인물을 교구로 준비해놓는다. 스토리텔링을 하기 전 간단한 구연동화를 하기도 했다. 바로 아이들의 흥미를 자극하기 위해서다.

등장인물 소개가 끝나면 본격적으로 이야기를 시작한다. 아이들은 어느새 이야기를 듣느라 조용해진다. 이야기 도중 질문을 하는 적극적인 아이들도 있다. '왜 저 강아지는 울고 있어요?' 하고 묻기도 한다. 다른 아이들이 모두 강아지를 쳐다보게 된다. 아주 좋은 효과이다. 모두 선생님 이야기에 귀 기울이고 있다는 증거다. 그리고 아이들은 다시 나의 이야기를 기다린다.

아이들은 어린이집에서 한 달에 한 권씩 영어책을 읽는다. 일 년이면 12권이다. 아이 혼자 읽는 것은 아니다. 영어 선생님과 친구들과 함께 책을 읽는다. 모두가 함께 집중하고 이야기를 듣는다. 음식도 혼자 먹는 것보다 같이 먹으면 더 맛있다. 이야기가 끝나면 질문 시간이 따로 있지 않다. 아이들은 이야기 중간에 수시로 질문을 한다. 왜 그렇게 되었냐고 묻고, 언제 끝나는지도 묻고, 여기저기서 질문을 한다.

엄청나게 집중하고 있는 아이들은 질문하는 것을 싫어한다. 왜 질문을 하냐며 그 친구에게 조용히 하라고 하기도 한다. 질문을 수시로 하는 아이 입을 막기도 한다. 아이들은 너무 솔직하다. 단체 수업이 이루어지기 때문에 각각의 아이 취향을 고려해주기는 힘들었다.

나는 개인적으로 질문하는 것은 좋다고 생각한다. 내 이야기에 집중하고 적극적으로 표현하기 때문이다. 나는 가르치는 선생님이다. 그래서 아이들이 표현해주면 고맙다. 그것은 재미있다고 말해주는 것이기 때문이다.

아이가 질문하지 않는다고 해서 나쁜 것은 아니다. 선생님의 이야기 도중에 방해하지 않으려는 마음을 나는 알고 있다. 오로지 이야기에 집중하고 싶은 마음인 것이다. 아이의 눈빛을 보면 알 수가 있다. 초롱초롱하고 반짝반짝하다. 그 모습이 얼마나 예쁜지 모른다.

엄마는 10분이란 시간을 잘 활용해야 한다. 10분을 아무 준비 없이 흘려버리면 안 된다. 엄마는 아이가 흥미를 느낄만한 것을 보여주어야 한다. 책을 읽는 시간은 재미있는 시간이라는 것을 심어주어야 한다. 재미있으면 아이는 먼저 책을 가지고 올 것이다. '엄마 이 책 읽어주세요.' 하고 무릎에 앉을 것이다. 상상만 해도 행복할 것이다. 상상이 아니라 정말 그렇게 된다.

아이들이 영어 선생님을 왜 좋아하는지 생각해보라. 선생님들은 수업을 위해 끊임없이 준비한다. 아무 준비 없이 수업하지 않는다. 엄마도 아이를 위해 무엇인가 준비해야 한다. 아이가 잘하기만 바라고 엄마는 결과만 기대하는 것은 욕심이다. 공부는 하지 않고 서울대는 가고 싶어 하는 욕심쟁이 말이다.

책 읽기를 처음부터 좋아하는 아이는 없다. 하지만 책을 좋아하게 만들 수는 있다. 1시간도 아니고 10분이면 된다. 10분을 어떻게 요리하느냐에 따라 아이의 모습은 달라진다. 10분 동안 우리 아이 눈과 귀를 즐겁게 해주고 싶지 않은가? 아이 스스로 집중하고 즐기는 시간이 되는 날까지 멈추지 말아야 한다. 초롱초롱하고 반짝반짝한 눈을 보고 싶다면 말이다.

일상에서 말해봐요 : 주의를 줄 때

Mom : Watch out the car! 차 조심해!

Kid : I'm sorry. 죄송해요.

Mom : Stop running around! 뛰어 다니지 마!

It's dangerous. 위험해.

Kid : Yes, mom. 네, 엄마.

02

<table>
<tr><td>오늘 아이와 놀았던 영어 그림책을 읽어주라</td></tr>
</table>

"Fantastic job! 환상적이구나!"

주말이 되면 아이들은 엄마 아빠와 함께 놀러 갈 시간이 생긴다. 집 근처 놀이터에도 가고 놀이동산에도 간다. 또 멀리 있는 박물관에도 간다. 아이에게는 신나는 시간이 되지만, 부모는 아이의 보디가드가 되는 날이다. 성심성의껏 잘 모시고 다녀야 한다.

우리 가족은 함께 아쿠아리움(aquarium)에 갔다. 집에서 차로 30분 거리에 있었다. 아들은 물고기를 보면 항상 키우고 싶다고 말하곤 했다. 대형마트에서는 전시된 열대 물고기를 팔았다. 아들은 물고기를 구경한 뒤 자꾸 사달라고 조르기도 했다. 사주고는 싶었지만 금방 죽을 것 같아서 포기했다. 마트에 장을 보러간 건지 물고기를 보러간 건지 착각할 정도

다. 아쿠아리움에 도착하자마자 물고기 천국이 나타났다. 아들은 물고기가 크다며 소리쳤다. 그리고 이번에는 작은 물고기가 있다며 와서 보라고 했다. 물고기에 대한 사랑이 가득했다. 물고기를 바라보는 눈빛은 반짝반짝했다. 엄마인 나보다 물고기를 더 좋아하는 듯 보였다.

우리 아이는 물고기가 나오는 책도 좋아했다. 『Hooray for fish!』는 그림과 내용이 재미있다. 우리 아이는 재미있는 물고기가 나오는 책을 좋아했다. 그 책은 반복해서 읽어도 좋아했다. 우리 아이를 사로잡을 만한 이야기였다. 아쿠아리움에 갔다 와서는 물고기가 나오는 책을 더 자주 읽게 되었다.

요즘은 강아지를 집에서 기르는 집이 많다. 강아지를 싫어하는 아이들은 거의 없는 것 같다. 예쁜 강아지를 보면 만져보려고 가까이 가는 것을 보았다. 아이들은 역시 동물을 좋아하는 것 같다.

아이들 동화책 중 『Where's Spot?』이라는 책이 있다. 아주 유명한 책이다. 한 번쯤 들어봤을 것이다. 주인공은 강아지다. 그림도 귀엽고 내용도 재미있어서 수업 시간에 아이들과 함께 읽기도 했다. 아기 강아지를 찾으러가는 이야기이다. 그 과정이 재미있게 구성되어 있다. 이 책은 책장을 펴면 입체적으로 보이는 플랩북(flap book)이었다. 나는 그 책을 교구로 만들었다. 아주 큰 사이즈로 만들었다. 아이들이 직접 아기 강아지를 찾으러 갈 수 있도록 말이다. 모두 함께 아기 강아지 'Spot'을 찾으러 갔다. 아이들은 아기 강아지 'Spot'이 보이지 않으면 다 함께 외쳤다. 'Where's Spot?' 우리는 강아지를 찾을 때까지 외쳤다. 중간중간 재미있는 요소들이 숨어 있다. 이것이 이 책의 재미이다. 어느새 아이들은 문장한 개를 외워버린다. 내가 책장을 넘길 때마다 아이들은 자동으로 외쳤다. 'Where's Spot?' 이 책은 다시 읽어도 재미있어했다.

아이들과 책을 읽을 때 연관성을 가지고 읽으면 더 효과가 좋다. 동물원에 놀러 갔다 오면, 동물에 관한 책을 읽어주는 것이다. 아이가 훨씬집중하며 책을 읽을 수 있다. 물론 엄마가 직접 책을 읽어주면 더 좋다. 동물원에서 본 코끼리가 책에 나오면 무척 반가워한다. 코끼리에 대해서한참을 설명한다. 코끼리는 코가 길고 엉덩이가 크다며 코끼리 박사님이따로 없다. 책에는 없는 이야기를 한참 한다. 하지만 아이의 이야기에 귀를 기울이자. 아이는 지금 책을 읽고 싶다는 말이니까요.

『Dear Zoo』는 동물원에 있는 동물에 관한 책이다. 아이들의 호기심을자극하는 아주 재미있는 책이다. 동물을 좋아하는 아이라면 이 책을 추천한다. 다양한 동물의 이름을 배울 수 있다.

남자아이들은 어릴 때 공룡(dinosaur)에 열광한다. 마트에 있는 모든 공룡 장난감들을 모두 사 모은다. 똑같은 공룡이 있는데도 마구마구 사 들인다. 엄마들도 집에 옷이 많이 있어도 또 산다. 맘에 드는 옷이 있으면 또 사는 심리라고나 할까? 남편들은 그런 아내들을 이해할 수 없다고 한다. 그러면 충분히 이해가 될 것이다.

아이들은 어려운 공룡 이름을 잘 알고 있었다. 공룡의 이름은 결코 쉽지 않다. 티라노사우루스, 브라키오사우루스, 트리케라톱스 등등 어려운 공룡 이름도 척척 말한다. 아이가 공룡놀이를 하자고 하면 공룡 이름을 알아야 한다. 공룡 이름을 모르면 아이는 답답해한다. 우리가 아이에게 영어를 가르칠 때처럼 말이다. 엄마 아빠는 공룡이라고만 알고 있다. 공룡의 이름을 제대로 모른다. 그리고 부모들은 이렇게 말한다. 무슨 공룡 이름이 이렇게 어렵냐고……. 아이들에게는 하나도 어렵지 않은데 우리는 어렵게 느껴진다.

어른들은 영어를 알고 있는 상태에서 아이들을 가르친다. 하지만 아이들은 외국어에 대해서 모른 채 배운다. 우리는 이것을 항상 기억하고 아이들을 지도해야 한다. 부모는 답답한 마음이 있겠지만, 천천히 아이와 함께 공부해야 한다. 아이들은 어른들에게 공룡 이름을 모른다고 혼내지는 않는다. 대신 차근차근 알려 준다. 티 라 노 사 우 루 스 라고….

우리 아이가 7살 때 대관령 양떼 목장에 간 적이 있었다. 동화책에서만 보았던 양을 직접보고 너무 좋아했다. 양에게 직접 풀도 먹여주고 양털을 만져보기도 했다. 양들이 뛰어노는 모습을 신기하게 바라보았다. 신기하게도 양은 늘 웃고 있었다. 더 신기한 일은 나도 양을 직접 본 것이 처음이었다.

그날 양떼 목장에서 보았던 양은 우리 아들을 몇 달 동안 기쁘게 해주었다. 그래서 커다란 양 인형도 사주었다. 그 인형은 우리 아들하고 키가 거의 비슷했다. 가족끼리 놀러 가면 어디든지 그 양을 데리고 다녔다. 심지어 이름도 지어주었다. '양순이'라고. 잠잘 때도 꼬옥 안고 잤다. 지금도 양순이는 우리 집에 잘 있다. 양에 푹 빠져있을 때 아주 좋은 책이 있었다. 바로『Where is the green sheep?』이다. 초록색 양을 찾아가는 이야기이다. 색깔도 배울 수 있다. 그리고 재미있는 모습의 양들이 나온다. 몇 번을 읽어도 재미있는 책이었다.

평범한 일상생활에서도 아이와 놀 수 있는 시간은 많다. 장난감을 가지고 놀 수도 있고, 놀이터에 가서 놀기도 한다. 동생과 놀기도 하고 형, 누나와 놀기도 한다. 그림책을 읽을 때 좋은 팁은 아이하고 놀았던 것과 연관되어 읽기를 권한다. 나 역시도 아이에게 책을 읽어줄 때 그렇게 했다. 아이는 최근에 본인이 놀았던 내용이기 때문에 친숙하다. 그리고 흥미를 느낀다. 말도 많이 한다. 계속 본인이 느끼는 감정을 이야기한다. 아주 좋은 반응이다.

아이들은 어른들이 원하는 방향으로 움직이지 않는다. 이쪽으로 오라고 하면 저쪽으로 가버린다. 또 거기 가면 안 된다고 하면 거기로 간다. 청개구리처럼 말이다. 왜냐면 아이는 본인이 가고 싶은 곳으로 가고 싶기 때문이다.

엄마 아빠가 원하는 책을 읽지 말자. 오늘은 무슨 책을 읽어줄까 하고 생각하지 말자. 아이랑 놀았던 내용의 책을 고르면 간단하다. 아이는 무조건 흥미를 갖고 엄마 아빠 옆으로 올 것이다. 소방차 장난감을 가지고 놀았다면 소방차가 나오는 책을 읽어주면 된다. 놀이터에서 놀고 나서는 놀이터와 관련 있는 이야기를 읽어주면 된다. 쉽고 간단하다.

만약 관련된 책이 없다면 휴대폰을 이용해서 함께 동화를 보는 것도 괜찮다. 많은 그림책이 유튜브에 올라와 있다. 원어민의 목소리도 들을 수 있다. 요즘 아이들은 영상매체에 많이 노출되어 있다. 때문에 휴대폰을 활용하여 책을 볼 수도 있다. 재미가 있다면 휴대폰으로 다시 볼 수도 있기 때문이다.

아이에게 세상에서 제일 좋은 사람이 누구냐고 물어보자. 대답은 이미 누구인지 알 것이다. 바로 엄마 아빠이다. 아이들에게 엄마 아빠보다 더 좋은 사람은 없다. 세상에서 제일 좋은 목소리는 엄마 아빠의 목소리이다.

바로 엄마 아빠의 목소리로 읽어주는 시간이야말로 최고의 이야기가 된다. 단순한 책 읽기가 아니라 부모와 아이의 교감의 시간이다. 아이는 부모의 관심과 사랑을 받으며 자란다. 아이의 눈과 귀는 온통 엄마 아빠의 목소리에 쫑긋하고 있다. 아이와 함께 놀고 나서는 동화책을 꼭 읽어주자. 사랑을 담은 엄마 아빠 목소리로……

일상에서 말해봐요 : 자동차에서

Mom : Get in the car! 차에 타렴!

　　　　Buckle up! 안전벨트 매야지!

Kid : Okay, mommy. 네, 엄마.

Mom : Could you be quite? 조용히 해줄래?

Kid : Yes, mommy. 네, 엄마.

Mom : Almost there. 거의 다 왔어.

03

아이가 보고 싶은 책을 고르게 하라

"You're beautiful! 너무 아름다워!"

내가 어릴 때 우리 집에는 책이 거의 없었다. 당연히 읽은 책이 거의 없었다. 초등학교 때 초록색으로 된 위인전집은 있었다. 훌륭한 사람이 되라고 사주신 것 같았다. 책을 읽던 습관이 없었기 때문에 책은 항상 장식품이었다. 부모님은 책을 사주셨지만 읽어주지는 않으셨다. 부모님이 사주신 책을 나는 거의 10권도 읽지 않은 것 같다.

부모들은 자식에게 좋은 것을 주고 싶어 한다. 이것은 지극히 정상이다. 주고 싶지 않은 것이 비정상이다. 아이를 키우는 집은 책을 많이 사게 된다. 책을 살 때 아이에게 물어보고 사는 집이 과연 얼마나 있는지 궁금하다. 거의 누군가가 좋다고 하는 책을 사서 꽂아놓는 경우가 대부분이다. 잘못된 것은 아니다. 당연히 부모가 좋은 책을 준비해준 것은 잘한 것이다.

부모는 아이가 책을 읽을 때 함께 읽어주도록 해야 한다. 아이가 글자를 모를 때는 더욱더 그렇다. 아이가 흥미를 느낄 수 있도록 부모의 역할이 필요하다. 책을 많이 읽은 아이는 커서 명문대에 들어갈 확률이 높다는 뉴스를 들어보았을 것이다. 이런 뉴스를 들으면 엄마들은 더 많은 책을 사서 책장에 꽂아놓는다. 그리고 흐뭇해할 것이다. 사실 나의 친정엄마는 글을 몰랐다. 그래서 책을 사놓기는 했지만 읽어주지 않았다. 읽어주지 않은 것이 아니라 읽어줄 수가 없었다. 내가 어릴 때는 그 사실을 몰랐다. 내가 다 커서 알게 되었다. 하지만 엄마가 책을 읽어주지 않아서 책을 안 읽었다는 것은 핑계였다.

나는 가끔 엄마들의 하소연을 듣기도 했다. 엄마가 영어를 못해서 영어책을 읽어줄 수가 없다고. 영어 발음이 좋지 않아서 겁이 난다고 하기도 했다. 그런 생각이 드는 것은 당연하다. 우리나라 사람들은 영어 울렁증이 심하다. 영어를 잘해야만 영어를 가르칠 수 있다고 생각한다. 엄마표 영어를 하는 엄마들도 영어를 잘해서 하는 것은 아니다. 엄마가 영어를 못해도 아이를 영어 영재로 키운 경우를 종종 볼 수 있다. 아이와 함께 책 읽는 것을 부담 갖지 말자. 편안한 마음으로 시작해보길 바란다.

집이 온통 장난감으로 가득 차 있다면 아이는 장난감을 가지고 놀 것이다. 만약 집에 책으로 가득 차 있다면 당연히 아이는 책을 읽을 것이다. 무엇으로 채워야 할까요? 물론 어느 한 가지만 가득 채워놓지는 않겠지요. 아이가 자라나는 시기에는 놀잇감이 많아야 한다. 다양한 놀잇감을 가지고 놀 수 있도록 해야 한다.

우리 아이는 한글을 배울 때 학습지를 신청해서 공부했다. 학습지 교재와 함께 영어책 읽기도 신청했다. 영어책 읽기 교재에는 다양한 영어책이 있었다. 나는 별도로 영어책을 구입하지 않았다. 어린이집에서 배우는 영어 교재와 영어책 읽기에서 오는 책만으로도 충분했다. 그 책에는 유명한 저자의 그림책도 많이 들어 있었다. 책을 한꺼번에 구입하지 않아서 부담이 적었다. 시간이 지나자 점점 한글 동화책과 영어 동화책이 쌓였다. 아이가 볼 수 있는 자료가 차곡차곡 쌓여가니 나도 한편으로 마음이 놓였다. '이제 아이와 놀아주기만 하면 되는구나.' 하는 생각이 들었다.

집에 책이 많아지니까 정말 아이 손에 책이 있었다. 아이는 글자를 몰랐지만 책을 꺼내서 보고 있었다. 책을 보다가 다시 장난감을 가지고 놀았다. 그리고 뽀로로 만화를 보기도 했다. 아이가 놀고 싶은 것을 하도록 최대한 지켜보고 관찰했다. 나는 설거지를 하는 동안에도 아이가 어떤 책을 만지작거리는지 살펴보았다.

하루는 내가 아이에게 동화책을 읽어주겠다고 했다. 그랬더니 내 옆으로 와서 이야기를 들었다. 재미있다고 또 읽어달라고 했다. 그렇게 세 번 정도 더 읽어주었다. 한글책에 관심을 가지고 여러 차례 책을 읽어주었다. 아이가 점점 책을 읽는 것에 흥미를 느꼈다. 잠자기 전에도 책을 읽어주면 가만히 누워서 잘 들었다. 그리고 잠이 들었다. 한글을 몰랐지만 내가 읽어주는 책을 잘 들어주었다. 나는 꾸준히 책 읽기를 해주었다. 한글 학습지도 꾸준히 했다. 그리고 동화책을 꾸준히 읽어주었다. 우리 아이는 5살이 되었을 무렵 한글을 뗐다.

신기한 일이 벌어졌다. 아이가 책을 더듬더듬 읽기 시작했다. 내가 읽어주었던 책을 아이가 나에게 읽어주었다. 너무너무 신기했다. 이제는 완전히 입장이 바뀌었다. 내가 오히려 듣는 입장이 되었다. 지금 생각해도 그때 그 순간은 너무 대견했다.

한글책 읽기가 이제 완전 자유로워졌다. 책에 대한 흥미도 아주 높아졌다. 6살 때는 폭발적으로 책을 읽기 시작했다. 나는 아이에게 책을 읽으라고 하지 않았다. 아이 스스로 보고 싶은 책을 찾아서 읽었다. 날마다 신기한 일의 연속이었다.

한글책을 재미있게 읽을 때, 나는 영어 그림책을 읽어주기도 했다. 그림이 많고 글자가 적은 책 위주로 읽어주었다. 예전에는 잠자기 전에 한글 동화책을 읽어주었다. 그런데 이제는 영어 동화책을 읽어주었다. 침대에 누우면 아이는 책을 읽어달라고 했다. 책을 읽으면서 간지럼도 태우며 장난을 치기도 했다. 영어책과 한글책을 번갈아 가면서 자기 전 항상 책을 읽고 잤다.

도서관에 가면 한글책은 스스로 찾아서 읽게 되었다. 대신 영어책은 함께 읽고 싶은 책을 한 권 정도 골라서 읽고 오곤 했다. 한글책을 10권 읽으면 영어책은 2권 정도 읽었다. 영어책은 훨씬 적은 양을 읽었지만 조급해하지 않았다.

나는 아이가 좋아하고 읽고 싶은 책 위주로 책 읽기를 했다. 아이에게 자신이 읽고 싶은 책 위주로 읽도록 자유를 허락했다. 읽은 책을 또 읽어도 전혀 상관하지 않았다. 좋아하는 책은 읽고 또 읽고 또 읽었다. 내가 생각하기에는 너무 많이 읽어서 다 외우겠다는 생각도 들었다. 그렇게 재미있냐고 물어보면 건성으로 대답했다. "응." 대답이 너무 짧았다.

이제는 책 읽기가 너무 자연스러운 아이가 되었다. 나는 재미있는 책을 집에 사두거나 아이랑 도서관에 가기만 하면 되었다.

아이가 책 읽기에 흥미를 느끼면 게임은 끝이다. 아이는 본인이 좋아하는 책을 읽고 싶은 마음이 점점 커진다. 그리고 책 읽는 시간도 길어진다. 아이가 읽고 싶은 책을 가지고 오면 주저하지 말고 읽어주어야 한다. 그리고 다시 읽어주라고 해도 또 읽어주어야 한다.

부모는 아이에게 영어책만 읽어야 한다고 강요하지 않아야 한다. 한글책을 가져와도 재미있게 읽어주어야 한다. 영어책을 가져오면 더 재미있게 읽어주어야 한다. 부모가 의식적으로 더 많은 노력을 해야 한다.

아이가 무엇이든지 한참 흥미를 느끼고 있을 때 부모는 응원을 해주어야 한다. 아이는 부모의 응원과 칭찬을 받으면 더 잘하게 된다. 나 역시도 아이가 더듬더듬 책을 읽기 시작할 때 환호성을 지르고 잘한다며 칭찬했다. 그때 아이의 표정도 잠깐 우쭐해하는 모습이었다. 본인도 본인이 대견했는지 모르겠다.

부모는 부모의 욕심이 있다. 아이도 아이의 욕심이 있다. 부모는 부모가 읽어주고 싶은 책이 있다. 그리고 아이는 아이가 읽고 싶은 책이 있다. 여기서 누가 양보해야 할까? 아이일까? 당연히 누가 양보해야 할지 말 안 해도 알 것이다.

아이가 무언가를 들고 엄마 아빠한테 오면 두 팔 벌려 환영하고 관심을 보여주어야 한다. 아이는 자신이 무엇을 가지고 가든 엄마 아빠가 좋아한다는 생각을 하게 해주어야 한다. 부모와 아이는 서로 믿음이 있어야 한다. 우리 엄마는 나를 사랑해. 우리 아빠는 나를 좋아해. 아이가 이런 마음이 확고하면 언제든지 책을 들고 엄마 아빠 무릎에 앉을 것이다. 아이의 마음을 늘 헤아리자. 그리고 아이가 평소에 무엇을 만지작거리는지 살펴보자.

일상에서 말해봐요 : 마트에서

Mom : Let's go shopping. 쇼핑 가자.

Kid : Can I go with you? 저도 가도 돼요?

Mom : Of course. 물론이지.

　　　No more toys todays. 오늘은 장난감 안 돼.

Kid : Okay, mom. 네, 엄마.

04

엄마가 망가지면 아이는 더 즐겁다

"Bravo! 멋지다!"

초보 영어 강사 시절의 이야기이다. 초보 시절은 날마다 배움의 연속이었다. 초보 운전자는 처음엔 운전이 서툴고 어렵다. 초보는 언제나 서툴다. 나는 아이들을 위해 열심히 수업 준비를 했다. 재미없는 수업은 아이들에게 외면받는다. 어린이집 원장님은 강사 교체를 원한다. 절대 초보 강사티를 내면 안 되는 시절이었다.

나는 같은 동기 선생님들과 날마다 연습하고 또 연습했다. 서로 피드백을 해주면서 보완점을 이야기해주었다. 목소리를 더 크게 하라고 이야기해주었다. 율동할 때는 더 신나게 하라고 해주었다. 또 웃으면서 하라고도 했다. 우리는 아주 냉정하게 서로 피드백을 해주었다. 실전에서 이런 피드백을 받으니 연습할 때 받는 것이 훨씬 더 낫기 때문이었다. 영어 강사는 아이들과 짧은 시간 동안 수업을 해야 한다. 초등학교 입학 전의 유아들이 나의 고객이었다. 고객이 만족해야 나는 수업을 할 수 있었다.

엄마표 영어에 도전하는 엄마도 엄마표 영어는 처음일 것이다. 무엇을 어떻게 해야 할지 막막하다. 이것이 바로 초보의 마음이다. 아이를 재미있고 알차게 가르쳐야지 하는 마음뿐일 것이다. 우리 아이를 제일 잘 아니까 잘 가르칠 것이라는 착각도 함께……

엄마가 영어를 잘한다고 해서 잘 가르치는 것은 아니다. 또 엄마가 영어를 못한다고 해서 못 가르치는 것도 아니다. 엄마가 어떻게 하느냐에 달려 있다.

초보 영어 선생님에게 회사에서는 똑같은 교수 자료를 제공한다. 자료를 활용하는 방법도 똑같이 배운다. 그런데 시연 수업을 하면 각자 다른 수업이 나온다. 박수를 받는 선생님이 있는가 하면, 다시 연습하라는 혹평을 받는 선생님도 있다. 모든 것을 똑같이 배웠는데 다른 결과가 나왔다. 혹평을 받은 선생님들은 다시 남아서 연습을 하곤 했다.

박수를 받은 선생님의 수업은 활기가 넘친다. 싱글벙글 웃고 있다. 재미있다. 온갖 좋은 수식어를 다 받는다. 혹평을 받은 선생님은 정반대로 했다고 보면 된다. 현장에서 바로 연락이 온다. 영어 선생님을 당장 바꿔 달라고……. 초보 선생님들은 이런 수모를 겪지 않기 위해 밤까지 열심히 연습하고 또 연습했다.

만약 아이들이 이렇게 말하면 어떤 기분일까? 엄마가 가르치는 영어는 재미없다고 엄마를 바꿔 달라고 하면 어떤 심정일까? 물론 학원에 보내면 될 것이다. 아니면 옆집 아줌마가 더 재미있다고 옆집 아줌마한테 배운다고 한다면……. 그럴 일은 없겠지만 만약 그런 일이 생긴다면 충격이 상당할 것이다.

엄마도 아이들을 가르칠 때 싱글벙글 웃으면서 재미있게 가르쳐야 한다. 아이들은 그런 엄마의 모습을 보면 공부가 더 재미있을 것이다.

영어 선생님들은 수업 시간에 망가지는 것을 연습한다. 모든 수업은 철저한 준비로 이루어진다. 정말로 전체 교사 교육 시간에 망가지는 연습을 하기도 했다. 교육 담당 선생님이 먼저 망가지는 것을 시범을 보인다. 그리고 다른 선생님들은 모두 따라 했다. 기회는 딱 한 번이었다. 정말 한 번만 보여주었다. 초보 선생님들은 남아서 망가지는 연습도 다 같이 했다. 선생님들은 이 정도로 아이들을 재미있게 해주기 위해 연습했다. 나 역시도 선생님들과 망가지는 연습을 함께했다. 초보였으니까…….

아이들은 영어 선생님이 수업 시간에 망가지면 아주 즐거워한다. 율동을 할 때도 선생님은 아이들보다 훨씬 더 많이 움직이고 흔들어야 한다. 당연한 이야기이다. 수업 시간에 선생님이 아이들을 사로잡으려면 당연한 것이다.

학부모 참여 수업을 할 때 부모님은 망가지는 것을 걱정한다. 영어 선생님이 시키면 어쩌나 하고 걱정하는 것 같았다. 가만히 생각해보면 학교 다닐 때 영어 선생님은 꼭 어려운 것을 시켰다. 우리가 틀리기만 기다리시는 것 같았다.

아이들과 동화책을 읽을 때 이런 엄마는 꼭 있다. 아주 조용하고 차분한 목소리로 우아하게 책을 읽어준다. 아이는 지루하고 졸릴 것이다. 아이의 눈을 보면 안다. '엄마, 너무 재미없어요.'라고. 감탄사가 나오면 크게 감탄해줘야 한다. 놀라는 장면이 나오면 많이 놀란 척도 해야 한다. 엄마는 여배우가 되어야 한다.

아이와 노래를 부를 때도 마찬가지다. 엄마는 하마처럼 입도 크게 벌려서 불러줘야 한다. 입을 크게 벌리면 눈도 자연스럽게 커진다. '너무 오버하는 것 아닌가요?' 하고 생각할지도 모르겠다. 하지만 이 행동을 좋아해주는 사람이 바로 우리 아이다. 아이가 좋아한다는데 하마처럼 입을 벌리는 것이 어려울까. 물론 상황에 따라 다르지만 난 어렵지 않았다.

학부모 참여 수업을 할 때 아빠를 게임에 참여시킨다. 그리고 게임을 하고 들어갈 때 재미있는 미션을 준다. 지팡이를 들고 가는 할아버지 흉내를 내면서 들어가라고 한다. 할아버지는 엉덩이를 무척 흔드는 할아버지라고 말해준다. 당연히 먼저 내가 시범을 보여준다. 아빠들은 많이 부끄러워하신다. 그러면서도 모두 잘하면서 들어간다. 엄마들에게도 망가질 기회를 주었다. 안 그러면 엄마들이 서운해할 것 같았다. 엄마들은 게임을 하고 들어갈 때 모델처럼 들어가라고 했다. 모델 워킹을 하면서…….

엄마 아빠가 망가지는 모습을 본 아이들은 즐거워했다. 이런 날은 엄마 아빠가 망가져야 모두가 즐겁다. 집에 가면 아이는 오늘 본 엄마 아빠 이야기를 할 것이다.

집에서도 엄마 아빠가 이렇게 망가지면 된다. 함께 놀아줄 때는 재미있고 신나게 놀아주면 된다. 아이들은 엄마 아빠가 진짜로 놀아주는지 아닌지 다 안다. 흉내만 내면 다 안다. 진심을 담아서 망가져야 한다.

아이와 집에서 놀 때 보는 사람은 아무도 없다. 엄마 아빠가 아이를 위해서 망가진다고 뭐라고 할 사람은 아무도 없다. 눈치 볼 필요도 없다. 아이는 진심이 담긴 부모의 모습을 보고 감동할 것이다. 아이는 부모와 함께 노는 시간을 기다릴 것이다. 진심으로.

우리 집에는 내가 수업 시간에 활용하는 여러 가지 교구가 있었다. 하루는 반짝이 초록색 모자를 쓰고 아들 앞에 나타났다. 그리고 나는 교구로 쓰고 있던 긴 마이크도 들고 나왔다. 우리 아들은 웃으면서 자신도 모자를 써본다고 뺏어가기도 했다. 그리고 둘이서 신나는 노래를 틀어놓고 춤을 추었다. 한마디로 둘이서 막춤을 추었다. 아빠가 오면 나중에 보여주자며 열심히 연습을 했다. 연습이 아니라 그냥 막춤이었다.

나는 아이와 수시로 놀면서 망가졌다. 바보 흉내도 내고, 못생긴 얼굴도 만들면서 놀았다. 우리 아들이 어렸을 때 사진은 못생긴 표정을 짓고 찍은 사진이 유독 많았다. 항상 엄마랑 못난이 놀이를 많이 해서 그랬던 것 같다.

나는 아이와 함께 자주 망가지며 시간을 보냈다. 아들 앞에서는 망가지는 것이 두렵지 않았다. 오히려 더 많이 망가지면서 놀고 싶었다. 내가 더 많이 망가지면 아이가 좋아했기 때문이었다. 나도 은근히 스트레스가 풀리고 신이 나기도 했다.

망가지면서 노는 것은 엄마보다 아빠가 더 어울릴 것 같다. 아빠가 아이와 놀아줄 시간이 있다면 반드시 망가져보길 바란다. 아이와 말타기 놀이를 해도 좋다. 아니면 동물 놀이를 해도 좋다. 괴물 놀이라면 더욱더 좋다. 아빠는 망가지는 데 1초도 안 걸린다. 우리 남편도 그랬으니까.

앞에서 언제까지 우아하게 놀아줄 건가? 아이의 눈높이에 맞추어주어야 한다는 말을 수없이 들어왔건만……

항상 아이는 망가지며 노는 것을 좋아한다. 아이들이 장난감을 가지고 놀 때 정리하며 노는 것을 본 적 있는가? 무조건 몽땅 꺼내놓고 아무렇게나 엉망진창으로 어질러놓고 놀 것이다. 기본적으로 망가지며 노는 것을 좋아한다. 엄마 아빠가 조금만 망가져도 우리 아이는 좋아할 것이다. 아이와 함께 책을 읽을 때도, 같이 장난감을 가지고 놀아줄 때도 우리는 한 가지만 기억하면 된다. 지금은 망가질 시간이라고.

일상에서 말해봐요 : 식당에서

Mom : Let's go to a restaurant today. 오늘 외식하자.

Kid : I love to go. 너무 좋아요.

Mom : What do you want to eat? 뭐 먹고 싶어?

Kid : I want a pork cutlet. 돈가스 먹고 싶어요.

Mom : Okay, I'll get your pork cutlet. 돈가스 사줄게.

Kid : Thank you, mom. 엄마, 고마워요.

05

하루 10분을 우습게 보지 말라

"Terrific! 훌륭하구나!"

'영어 공부 10분을 해서 아이가 얼마나 잘하겠어?' 하고 생각하는 엄마 아빠가 많이 있을 것이다. 10분 공부하고 영어를 잘한다는 것은 당연히 어렵다. 하지만 꾸준히 한다면 이야기가 달라진다. 10분이라는 짧은 시간이라도 꾸준히만 한다면 결과는 가봐야 알 수 있다.

4세와 5세의 아이들은 아직 한글을 잘 모른다. 이런 아이들한테 영어를 10분 동안 노출한다고 얼마나 효과가 있을지 의문을 가진다. 당연한 질문이다. 글자 자체를 모르는데 외국어를 배운다고 별 의미가 있을까 할 것이다.

아이들을 1년 동안 꾸준히 일주일에 두 번씩 수업을 한 뒤 느낀 점은 이것이다. 아이들은 영어를 좋아했다. 아이들이 영어를 잘하는 것은 아니다. 그런데 아이들이 영어를 좋아한다는 것은 확실했다. 어린이집 원장님을 통해서 전해 들은 이야기다. 아이들이 영어를 좋아한다고. 그리고 중요한 것은 영어 선생님을 좋아한다고.

4세와 5세의 수업은 거의 챈트와 노래로 시작한다. 선생님과 인사도 노래로 시작한다. 거의 노래로 시작해서 노래로 끝난다고 해도 과언이 아니다. 간단한 색칠 놀이도 한다. 그리고 짧은 동화도 읽는다. 1년 동안 아이들과 이런 패턴으로 수업을 해왔다.

아이들과 나는 1년 동안 반복적으로 알파벳 송을 불렀다. 아이들은 이 음악이 나오면 자동으로 몸이 움직였다. 집에 가면 아이들이 알파벳을 흥얼거린다고 했다.

우리 아들은 실제로 나의 제자이자 아들이었다. 어린이집에서 나를 만나면 영어 선생님이고, 집에 오면 엄마였다. 나는 집에 와서 알파벳 송을 자주 틀어주었다. 당연히 흔들흔들 율동을 하며 흥얼거렸다. 나는 하루 종일 어린이집에서 알파벳 송을 불렀다. 하지만 집에 와서도 또 불렀다. 아이들은 확실히 반복하면 흥얼거리게 되어 있다.

부모님들은 우리 아이가 어떻게 공부할까 궁금해서 참여 수업에 많이 오셨다. 특히 4세, 5세 부모님들의 관심은 뜨거웠다. 교실 안이 꽉 찰 정도로 많이 오셨다. 아이들은 엄마 아빠가 수업 시간에 온 것이 신기하게 느끼는 것 같기도 했다. 아이들이 즐겁게 수업하는 모습을 보고 박수를 많이 쳐주셨다.

아이들이 선생님을 따라 하는 모습을 보고 웃기도 했다. 아이가 머뭇거리면 안타까워하기도 했다. 10분의 수업은 화기애애하게 끝났다. 아이들과 10분 동안 공부한 것이 아니라 영어를 즐겼다고 말하는 것이 맞을 것이다.

아이가 10분을 집중하는 것은 어른이 1시간을 집중하는 것과 비슷할 것이다. 어른이 1시간을 집중해서 수업을 듣는다는 것도 쉽지 않다. 아이들은 10분 동안 집중한다. 10분을 잘 견뎌낸다. 일주일에 두 번씩 1년 동안 말이다.

꾸준히 일주일에 두 번씩 수업을 한 아이는 일 년에 960분 동안 영어에 노출되었다. 10분씩 공부한다고 하면 짧게 느껴진다. 그런데 960분이라는 숫자는 크게 느껴진다. 만약 집에서 일주일에 10분씩 3일을 1년 동안 한다고 해보자. 아이는 영어에 1,440분 노출된다.

이 시기에는 얼마만큼 많이 노출시켜 주는가가 제일 중요하다. 아이는 그 노출 시간 동안 즐거움을 느끼기만 해도 성공이다. 영어는 재미있고 즐거운 놀이라고 생각하게 하면 되는 것이다.

나는 수업 시간에 한 달에 한 권씩 아이들에게 영어 그림책을 읽어주었다. 10분을 활용해서 말이다. 일 년이면 아이들은 12권을 읽는 것이다. 가끔씩 수업 시간에 관련 주제의 다른 그림책을 읽어주기도 했다. 그것까지 포함하면 아이들은 더 많은 책을 읽은 것이다. 10분이란 시간을 잘 활용하면 이렇게 많은 책을 읽을 수 있다.

집에서 아이들과 10분 정도 투자해서 놀아주면 아이들은 그 10분을 기다릴 것이다. 일주일에 몇 번씩만 10분씩 놀아줘도 아이와 부모의 관계는 끈끈해질 것이다. 집에 가면 엄마 아빠는 혼내기만 하는 사람이 되면 안 될 것이다?

우리 남편은 퇴근하고 오면 항상 아이 목욕을 시켜주었다. 아주 아기였을 때 이야기다. 아기 욕조에 따뜻한 물을 받아왔다. 큰 수건도 준비하고 작은 손수건도 준비했다. 조심조심 목욕을 시키고 아기를 침대에 눕혔다.

남편은 목욕시키는 동안 계속 아이에게 말을 걸었다. 엄마랑 잘 놀았는지 안 울었는지 사소한 것까지 말을 했다. 그 당시는 당연히 아빠니까 할 일이라고 생각했다.

지금 생각해보니 우리 남편은 너무 천사 같은 아빠였다. 남편이 너무 고맙게 느껴진다. 우리 아들은 지금도 아빠와 잘 지낸다. 어릴 때 아빠와 교감을 많이 해서 그런 것 같다. 아이와 짧은 시간 목욕시켜준 것이 큰 힘이 된 것 같다.

6세와 7세는 10분 동안 수업 시간이 더 빨리 지나간다. 아이들과 인사하고 수업을 하고 나면 금방 끝날 시간이 된다. 특히 아이들과 게임을 하면 시간은 더 빨리 흐른다. 팀을 나누고 게임을 시작하면 아이들은 모두 집중한다. 끝날 시간이 다 되어버린다. 아이들에게 다음 시간에 이어서 하자고 한다. 그러면 아이들은 안 된다고 아우성이다. 이런 날들이 가끔씩 있었다.

나도 아이들과 조금 더 게임을 이어서 하고 싶다. 하지만 다음 수업 시간이 있기 때문에 마음뿐이었다. 아이들은 그다음 시간 잊지 않고 지난번 게임을 다시 하자고 한다. 아이들은 기억력이 상당히 좋다. 어떤 아이는 점수까지 다 기억하고 있다. 놀라울 따름이었다. 나는 수업 시간이 항상 꽉 차 있었다. 그래서 가끔씩 중간에 게임을 하다만 수업을 잊어버릴 때도 있다. 하지만 아이들은 다 기억하고 있었다.

엄마 아빠는 항상 바쁘고 피곤하다. 아이들에게 한번 물어보자. 우리나라에서 제일 피곤하고 바쁜 사람은 누구인지 한번 물어보자. 바로 우리 엄마 아빠라고 할지 모르겠다. 피곤하다는 핑계로 하루에 10분도 아이와 함께 시간을 보낼 수 없는지.

10분 동안 아이와 할 수 있는 것은 많이 있다. 아이와 대화 나누기, 아이와 간단한 놀이하기, 동화책 읽어주기 등등 10분만 투자해보자. 1시간도 아니고 10분은 어렵지 않다. 아이는 집에 돌아온 부모님과 놀기를 원한다. 이야기하기 원한다. 하루에 있었던 이야기를 엄마 아빠한테 이야기하고 싶어 한다.

아이의 이야기를 들어주기만 해도 10분은 금방 간다. 들어주기만 해도 놀아주는 것이다. 아이는 부모와 시간을 보냈기 때문에 놀았다고 여길 것이다. 이것이 어렵다고 하지는 않겠지요. 남자아이보다 여자아이들은 말을 많이 한다. 특히 아이가 이야기할 때는 건성으로 들으면 안 된다. 아이의 말에 진심으로 호응을 해주어야 한다. 건성으로 들으면 아이들은 부모가 자신의 이야기를 안 듣고 있다고 생각한다.

나는 아들만 한 명 있다. 한번은 내가 설거지를 하면서 아이의 이야기를 들은 적이 있었다. 물소리도 나고 그릇 소리도 나서 아이의 말에 집중할 수가 없었다. 그래도 나는 호응을 해주었다.

그런데 갑자기 아들이 나한테 화를 냈다. 엄마가 자기 말을 안 듣는다고. 사실 나는 대충 들었다. 그리고 다 알아들은 것처럼 연기를 했다. 별로 중요한 이야기가 아닌 것 같아서 그랬다. 그런데 들켜버렸다. 아이들도 다 아는 것 같다.

만약 '10분 동안 아이와 함께 재미있게 놀아 보세요.' 하고 미션을 준다면 잘할 자신이 있는가? 가장 재미있게 노는 가족에게 선물을 준다고 하면 상상만 해도 불꽃 튀는 경쟁을 할 것이다.

외국어를 잘하려면 꾸준하게 하는 것밖에 답은 없다. 비록 10분이라는 짧은 시간도 잘 활용하면 엄청난 결과를 낼 수 있다. 티끌 모아 태산이라는 속담이 있다. 우리는 10분을 투자해서 영어를 좋아하는 아이로 만들수 있다. 티끌을 중요하게 보는 사람은 적다. 하지만 모으다 보면 점점커지는 것이다.

10분이란 시간을 우습게 보지 말자. 10분으로 태산을 만들어보자. 아니 작은 산이라도 만들어보자. 아이가 영어를 좋아하게 되는 것만으로도 우리는 성공한 것이다. 큰 산을 만들려면 아직 멀었으니 천천히 즐기면서 가면 된다.

일상에서 말해봐요 : 장난감 놀이

Kid : Can I play with my blocks? 블럭 가지고 놀아도 돼요?

Mom : Sure! 물론이지.

Mom : What do you want to make with the blocks?

블럭으로 뭐 만들거야?

Kid : I want to make a castle. 성을 만들고 싶어요.

Mom : That's a good idea. 좋은 생각이구나.

Can I help you? 도와줄까?

Kid : Thank you, mom. 고마워요, 엄마.

06

날마다 10분이면 영어가 술술 나온다

"Outstanding! 뛰어나구나!"

아이와 집에 있을 때 영어로 대화하는 엄마가 얼마나 있을까? 우리나라의 평범한 가정에서는 아마도 거의 없을 것이다. 만약 엄마가 갑자기 영어로 대화를 한다면 어떤 상황이 일어날지 예상이 된다. "엄마, 갑자기 왜 그래?" "한국말로 해!" "이상해." "그만해." "제발." 이것 말고도 더 많이 있을 것이다. 예상이 되는 다른 말이 많이 있지만 차마 하지 못하겠다.

우리는 이런 말에 약해지면 안 된다. 무슨 말을 하든지 꿋꿋이 해나가야 한다. 이렇게 마음먹고 하고 싶은데 사실은 너무 어렵다.

'나도 내가 너무 어색한데 아이에게 영어로 대화를 한다고?' 아마도 이런 마음일 것이다.

날마다 아이와 영어로 대화할 수 있다면 얼마나 좋을까? 하는 고민을 해보았을 것이다. 그래서 시도도 해보았을 것이다. 그런데 길게 가지 않는다는 것이 문제다. 몇 마디 하다가 금방 포기해버린 경험이 있을 것이다. 아이도 엄마가 갑자기 안 쓰던 영어를 하면 거부감을 느낄 수 있다. 아이는 마음의 준비가 되어 있지 않다. 그런 상태에서 갑자기 들어오면 거부감을 느낄 수밖에 없다. 아이도 엄마도 훈련이 되어 있지 않아서 어려운 것인지도 모르겠다.

아침에 일어나서 아이에게 가볍게 인사해보자. "Good morning!" 아이는 어색하지만 잠결에 따라 할 것이다. 엄마가 아침마다 이렇게 깨우면 알람처럼 들릴 것이다. 저녁에는 잠자기 전에 이렇게 인사하면 된다. "Good night!" 처음에는 어색하지만 하다 보면 자연스럽게 나올 것이다. 아이와 함께 먼저 쉬운 문장으로 일상에서 말하는 연습을 해보자. 그러면 서서히 아이의 입에서 저절로 나오게 될 것이다.

나는 아이가 어릴 때 잠자기 전에 항상 이렇게 서로 인사를 하고 잠들었다.

"I love you, son!" 아들, 사랑해!

"I love you, mommy!" 엄마, 사랑해요!

"Good night, son!" 아들, 잘자!

"Good night, mommy!" 엄마도 잘자요!

이렇게 인사하고 나서 아이 볼에 뽀뽀해주면 예쁜 눈을 꼭 감고 잠을
잤다.

아이들과 영어를 가장 쉽게 접근할 수 있는 것이 바로 영어 그림책이
다. 단어도 어렵지 않아서 부담스럽지 않다. 그래서 대부분의 엄마들은
그림책으로 영어를 시작한다. 쉬운 책은 그림이 많고 글자 수가 적다. 처
음 시작은 쉬운 책이 좋은 책이다. 반복해서 숫자 책을 읽어주면 아이도
점점 숫자를 셀 수 있다. 그림책을 읽다 보면 숫자를 말할 수 있다. 아이
는 점점 숫자 세기가 쉬워진다. 이제는 그림책에 나오는 풍선을 아이 혼
자서도 셀 수 있을 것이다. 꾸준히 반복해서 아이와 함께 책을 읽어보자.
어느새 아이는 책의 내용을 따라 읽을 것이다. 책 속에 나오는 단어와 문
장을 반복하면 아이도 반복한다. 엄마 혼자만 반복하는 것이 아니다. 아
이도 엄마를 따라서 반복하고 있다. 엄마 앞에서 말을 하지 않을 뿐이다.
아이의 머릿속에 차곡차곡 쌓이고 있다.

내가 처음 아이들과 어린이집과 유치원에서 수업할 때 이야기이다. 처음에 아이들은 'Hello!'라는 인사조차도 어려워했다. 이 한마디가 왜 어려울까? 왜냐면 평상시에 'Hello!'라고 말하지 않기 때문이다. 아이들은 집에서 이렇게 인사한 적이 없다. 또 어린이집에서도 친구들과 이렇게 인사한 적이 없었다. 분명 생긴 것은 한국 사람인데 갑자기 영어 선생님이라고 나타나서 인사를 한다. "Hello~!" 아이들은 웃기만 하고 쳐다본다. 하지만 수업이 반복되고 시간이 흐르면 달라진다. 이제 아이들은 나만 보면 인사한다. "Hello!"라고.

아이가 인사 한마디 하는 것이 뭐 대단하냐고 생각할 수도 있다. 하지만 외국어로 인사한다는 것은 대단한 일이다. 어른들의 경우를 생각해보자. 영어로 인사하는 것이 쉬웠는지……. 어른들도 인사 한마디 하고는 얼굴이 빨개진다. 그리고 얼른 도망가지 않는가?

쉬운 것부터 아이들과 시도해보자. 아이들과 게임 할 때도 이렇게 해보자. "준비됐지?"라고 하기보다 "Are you ready?"라고 말해보자. 그리고 아이는 "Yes, I am ready."라고 대답하게 연습해보자. 이렇게 하다 보면 쌓이고 쌓여서 아이의 입에서 자연스럽게 나오게 된다.

우리 아이가 영어를 잘했으면 좋겠다고 하는 부모들은 많다. 하지만 부모는 정작 노력을 하지 않는다. 그저 아이 스스로 잘하기를 바랄 뿐이다. 아이 스스로 잘하는 아이는 없다. 특히 외국어를 배우는데 아이 스스로 잘한다는 것은 거의 불가능하다.

영어 영재라고 하는 아이들을 TV에서 보곤 한다. 영어 영재들은 특별한 아이라고 생각한다. 물론 평범한 아이들보다는 특별하다. 우리 아이는 절대 될 수 없을 거라고 생각한다. 절망하기보다는 우리아이도 할 수 있다는 생각을 해보자. 긍정적인 생각은 긍정적인 결과를 만든다. 당연히 부모의 열정과 노력이 필요하다. 서당 개도 3년이면 풍월을 읊는다는 속담이 있다. 말 못 하는 개도 3년이면 긍정의 결과를 낸다. 당연히 우리 아이도 할 수 있다는 얘기다. 꾸준히 하루 10분 정도의 시간만 투자해도 결과는 나온다. 쉬운 문장은 아이들도 말할 수 있다.

나는 집에서 아이와 음식을 먹을 때도 그림책에서 배운 단어를 알려주었다. "Wow! It is yummy."라고 말했다. 아이도 맛있는 음식을 보면 나를 따라 했다. "Wow! It is yummy." 아이는 단어의 스펠링은 전혀 모른다. 그저 맛있는 음식을 먹을 때는 이렇게 말하면 되는구나 하고 자연스럽게 아는 것이다. 그리고 그림책에서도 맛있는 음식을 보며 말했던 기억을 떠올릴 것이다. 아이는 맛있는 음식을 먹을 때면 이렇게 말하곤 했다. "Wow! It is yummy." 이렇게 아이들은 천천히 배워나간다. 그림책을 읽으면서도 말하고 실제로 엄마하고도 말하면서 연습은 계속 반복된다.

10분을 투자해서 우리 아이가 영어로 말할 수 있다면 10분은 충분히 투자할 가치가 있다. 10분이 길다고 생각하면 길다. 반대로 짧다고 생각하면 너무 짧다. 우리 아이가 영어로 말할 수 있다는데 10분이 과연 길다고 생각하지는 않게 될 것이다.

우리 아이를 영어 영재로 만들 필요는 없다. 우리가 원하는 것은 우리 아이가 영어 영재가 되는 것은 아니다. 아이가 영어를 즐기며 일상에서 말할 수 있게 되기를 바라는 것뿐이다. 부모와 아이가 함께 추억을 만들면서 영어를 즐기면 된다. 어린아이에게 외우기를 강요한다고 아이가 잘하는 것은 아니다.

분명 영어 영재로 자란 아이들은 즐겁게 영어를 배웠을 것이다. 물론 부모의 노력과 열정 그리고 관심도 빼놓을 수 없다. 엄청난 시간도 투자했을 것이다. 씨앗을 뿌리지 않고 열매를 거두려는 것은 황당한 일이다. 맨땅에 아무것도 심지 않았는데 맛있는 열매를 기다리는 사람은 없다.

나는 우리 아이와 날마다 하나씩 하나씩 연습하고 말하기를 했다. 아이는 공부라고 생각하지 않았다. 재미있는 말하기라고 생각했을 것이다.

아침에 일어나서 "엄마, Good morning." 하고 인사했다. 밥을 먹을 때는 "Wow! It is yummy."라고 말한다. 잠자기 전에는 "Good night."이라고 말했다. 그리고 이외에도 "Thank you." "I'm sorry." 등등 간단한 표현을 했다. 우리 아이 입에서 영어가 흘러나왔다.

우리 아들은 지금 열세 살이다. 지금도 자기 전에 이렇게 인사하고 잔다.

"I love you, son."
"I love you, mom."
"Good night, son."
"Good night, mom."

지금도 뽀뽀로 마무리한다.
이제 아들이 뽀뽀해줄 날도 얼마 남지 않은 것 같다.

일상에서 말해봐요 : 동화책 읽을 때

Mom : What do you want to read? 무슨 책 읽고 싶어?

　　　　Pick a book. 책 골라봐.

Kid : I want to read a 'safari anmals'. '사파리 동물' 읽고 싶어요.

Mom : Do you like this book? 이 책 재미있니?

Kid : Yes, I like it. 네, 재미있어요.

Mom : Are you finished? 다 읽었니?

Kid : I'm done. 네, 다 읽었어요.

07

잠자기 전 10분 동화책은 행복한 꿈을 꾸게 한다

"Super work! 엄청 잘했어!"

아이들은 자장가를 들으면 잠을 잘 잔다. 자장가의 위력은 대단하다. 양 한 마리, 양 두 마리, 양 세 마리……. 이렇게 양을 세면서 아이를 재우기도 한다. 정말로 이렇게 아이를 재우지는 않겠지만 다양한 방법으로 아이를 재운다. 우리는 양을 세면서 아이를 재우지 말자. 아이에게 재미있는 이야기를 들려주자. 10분의 마법을 부려보자. 분명 아이는 엄마의 마법에 이끌려 꿈나라로 갈 것이다.

남자아이들은 여자아이들보다 더 활동적이다. 남자아이들은 놀 때도 목소리가 더 크다. 주로 칼싸움이나 공 던지기 놀이 등등 활동적인 놀이를 더 많이 한다. 아마 이렇게 낮에 거칠게 놀았으니 밤에 일찍 잘 것이라고 생각할지도 모르겠다. 전혀 그렇지 않다. 그것은 엄마의 소원일 뿐이다.

잠을 재우는 방법은 여러 가지다. 엄마 아빠가 재미있는 이야기를 해주기도 한다. 아니면 오늘 있었던 일을 이야기하기도 한다. 최악의 방법은 불을 끄고 얼른 자라고 하는 것이다. 엄마 아빠가 피곤하면 최악의 방법을 자주 쓸지도 모르겠다.

우리 아들은 여섯 살 때 책을 폭발적으로 읽었다. 한글을 뗀 후 책을 읽기 시작했다. 처음에는 더듬더듬 읽었다. 그런데 잘한다고 칭찬해주었더니 더 잘 읽었다. 혹시나 해서 무슨 이야기냐고 물어봤더니 내용도 알고 있었다. 잠자기 전에도 책을 읽었다.

한글을 모를 때는 내가 책을 읽어주었다. 그런데 책을 읽기 시작하니 혼자 읽고 싶어 했다. 처음에는 소리 내어 읽더니 점점 소리도 내지 않고 읽었다. 책을 소리 내서 읽으라고 하면 오히려 싫어했다. 책 좀 읽을 줄 안다고 이제 자기 목소리를 냈다.

영어책은 아직 읽을 줄 모르니 엄마가 읽어준다고 했다. 다행히 아들은 그러라고 했다. 혹시나 싫다고 할까 봐 내심 걱정했었다. 잠자기 전

책을 읽는 것은 당연한 것처럼 되기 시작했다. 잠을 재우려고 책을 읽기 시작했는데 눈이 더 초롱초롱해졌다. 좋은 일인지 아닌지 헷갈렸다.

처음부터 잠자기 전에 책 읽기를 좋아한 것은 아니다. 당연히 장난치고 놀다가 자는 것을 더 좋아했다. 이야기하고 장난치다 놀다 보면 시간이 너무 늦어졌다. 침대에서 뛰기도 하고 구르기도 하고 놀려면 한도 끝도 없었다. 그래서 안 되겠다 싶어서 책을 가지고 왔다.

그전에 읽었던 책도 가지고 오고, 본인이 읽고 싶은 책도 가져오라고 했다. 처음에는 책은 조금만 보고 더 뛰고 놀고 싶어 했다. 시간이 흐르고 책 읽기를 계속했더니 점점 차분해졌다. 한글책도 읽고 영어책도 읽으며 잠자기 전 책 읽는 아이로 변하고 있었다.

아이가 잠자고 있는 모습은 세상에서 제일 예쁜 모습이다. 예쁜 모습을 보려면 잠자기 전 아이와 잘 보내야 한다. 안 그러면 눈물 자국이 있는 아이 모습을 볼지도 모른다. 잠자기 전이 전쟁터와 같은 집도 있다. 우아한 엄마를 자꾸 소리 지르는 마귀할멈으로 만드는 건지······. 엄마도 우아하게 자장자장 재우고 싶다.

잠자기 전 아이와 10분 정도 동화책을 읽기 시작하면 아이는 달라진다. 처음에는 서로 어색할 수도 있다. 아이에게 보고 싶은 책을 가져오게 해보자. 의외로 아이들은 자신이 좋아하는 책을 들고 올 것이다. 너무 많이도 말고 두 권이나 세 권 정도가 좋다. 책을 읽을 때는 대신 재미있게 읽어주어야 한다. 아이가 재미를 느낄 수 있게 오버하면서 읽어주자. 엄마 아빠가 먼저 하품하는 실수는 하지 말자.

한번은 우리 아들이 아빠에게 책을 읽어달라고 했다. 아빠는 엄마보다 더 재미있게 주겠다며 큰소리쳤다. 오버도 하고 재미있게 잘 읽는 것 같았다. 몇 번 이렇게 잘 읽어주었다. 그러다 하루는 책을 읽다가 먼저 잠이 들었다. 아들과 나는 아빠가 잠든 것을 보고 둘이서 웃기도 했다. 피곤하면 책을 읽다가 잘 수도 있다. 하지만 이렇게 함께 책을 읽는 습관을 들이면 아이도 재미를 느낀다. 잠깐이라도 아이가 자기 전 읽어주는 책은 달콤한 솜사탕이 될 수도 있다. 아이가 기다리는 시간이 되도록 만들어야 한다.

아이에게 책을 읽어줄 때 반드시 영어책일 필요는 없다. 그러면 부모도 아이도 부담을 느낄 수 있다. 처음에는 한글책으로 아이에게 읽어주자. 그리고 익숙해지면 영어 동화책을 한 권씩 읽어주자. 아이가 글을 알기 시작하면 아이에게 엄마한테 동화책을 읽어달라고 해보자. 아이는 엄마 흉내를 내면서 읽어준다. 나도 아이처럼 흉내를 내며 이야기한다. "이

거 뭐예요?"라고 말했다. 그랬더니 "이거는 공룡이에요."라고 말하는 것
이었다.

항상 엄마 아빠만 동화책을 읽어줄 필요도 없다. 아이가 글을 읽을 줄
몰라도 아이는 책을 읽어줄 수 있다. 신기한 것은 아이들은 동화책을 외
우고 있다. 글을 읽지 않고 외운 이야기를 들려주기도 한다. 가끔은 아이
가 글을 안다고 깜짝 놀라기도 한다.

부모와 아이가 가장 편안하게 서로 시간을 보내는 시간은 바로 잠자기
직전 이불 속이다. 서로 발가락으로 장난치기도 하고, 간지럼을 태우기
도 하고, 이야기를 나눌 수도 있다. 이렇게 소중한 시간을 그냥 보내기에
는 너무 아깝다. 아이가 커버리면 이런 시간을 보내기도 힘들다. '있을 때
잘해.'라는 말을 들어본 적 있을 것이다. 아이가 이렇게 꼬마일 때 소중한
시간을 놓치지 말아야 한다. 다시는 돌아오지 않을 시간이기 때문이다.

아이랑 나랑 남편이랑 셋이서 동화책을 읽을 때였다. 책을 읽고 나서
침대는 동물원으로 변했다. 남편은 자기가 호랑이라며 아들을 잡아먹어
야겠다고 하며 놀이가 시작됐다. 가끔씩 동화책을 읽어주며 재우려다가
오히려 놀이가 되기도 했다. 아이는 무섭다고 도망가고 남편은 잡으러
간다. 몇 번 도망가고 잡으러 가고 하다가 지쳐서 잠이 들기도 했다. 잠

자기 전 10분이 아이에게는 재미있고 신나는 시간이 되어야 한다. 아이는 재미있으면 그 시간을 기다린다. 본인이 먼저 책을 들고 침대로 온다. 그리고는 "엄마, 우리 이 책 읽어요."하고 먼저 책을 내민다. 우리가 상상했던 일이 일어나는 순간이다.

동화책을 읽다 보면 재미있는 것이 있고, 그렇지 않은 것도 있다. 책을 고를 때는 반드시 재미있는 책 위주로 읽어주자. 평소에 아이가 좋아하는 책 위주로 고르자. 재미있는 책은 다시 읽어도 재미있다. 그리고 아이가 집중해서 잘 듣는다. 재미가 없으면 집중도 하지 않고 책 읽기에 흥미를 잃게 될 수도 있다.

우리 아이와 잠자기 전 10분을 어떻게 보내느냐는 것은 엄마 아빠 하기 나름이다. 아이가 행복한 꿈나라로 가기 위한 시간을 그냥 보낼 것인지. 알차게 보내는 10분은 아이의 10년을 책임질지도 모른다. 그만큼 아이와 잠자기 전 보내는 시간은 소중하다.

아이도 엄마 아빠와 함께 침대에서 읽었던 이야기를 아주 오랫동안 기억할 것이다. 아빠와 함께 읽었던 동화책 속 호랑이가 진짜처럼 나타나 깜짝 놀라 도망간 것도 기억할 것이다. 그리고 책을 읽다가 잠든 아빠 모습도 잊지 않을 것이다.

우리는 우리 아이들에게 꿈과 희망을 심어주어야 한다. 잠자기 전 아이와 함께 보내는 10분을 잘 활용해보자. 동화책이 달콤한 솜사탕이 되도록 하자. 엄마 아빠는 아이에게 어떤 솜사탕을 줄 것인지 생각해보자. 나는 알록달록 무지개 솜사탕을 주고 싶다. 여러 가지 재미있는 일들을 아이에게 선물하고 싶다. 우리 아이가 잠들기 10분 전에 말이다.

일상에서 말해봐요 : 게임할 때

Mom : Let's play a game. 게임 하자.

This is your turn. 이번에는 네 차례야.

Kid : I've made it. 내가 했어.

Mom : Your great! 대단하다.

This is my turn. 이번에는 내 차례야.

Kid : Okay, mom. 응, 엄마.

Mom : You are the winner. 네가 이겼어.

08

원어민처럼 읽지 않아도 괜찮다

"Your all grown up! 다 컸구나!"

아이들과 영어책을 읽을 때 부모는 부담을 느낀다. 그것은 바로 발음 때문이다. 책을 원어민처럼 읽지 못해서 아이에게 이상한 발음을 전수할까 봐 걱정한다. 하나도 걱정이 안 된다면 대단한 부모이다. 이런 자신감이 필요하다. 그 누가 뭐라고 해도 당당하게 읽어주자.

요즘은 외국에서 살다 온 부모가 많이 있다. 그리고 학창 시절을 외국에서 보낸 엄마 아빠도 있다. 이러한 부모들은 거의 원어민 수준의 발음으로 책을 읽는다. 하지만 평범한 가정은 그렇지 않다. 각자가 처한 환경은 모두 다르다. 하지만 아이를 향한 교육열은 모두 불타오른다.

내가 수업했던 어린이집 한 곳은 대형 어린이집이었다. 나는 일주일에 두 번 아이들과 수업을 했다. 그리고 일주일에 한 번은 원어민 선생님이 수업을 했다. 원어민 선생님은 영어로만 수업을 진행했다. 아이들은 수업 내내 영어에만 노출된다. 당연히 이런 이유로 원어민이 수업을 하는 것이었다.

나는 우연히 원어민 선생님이 수업하는 것을 보게 되었다. 보충수업을 하러 오셨다고 했다. 아이들은 선생님 수업을 잘 듣고 있었다. 그런데 집중하지 않는 아이들도 보였다. 선생님을 보지 않고 딴짓을 하고 있었다. 내가 하는 수업에서는 상상도 할 수 없는 일이었다.

나는 수업할 때 아이들 눈을 보면서 사랑의 레이저를 보낸다. 딴짓하면 안 된다는 무언의 레이저를…. 원어민 선생님이 가르친다고 아이들이 외국의 아이들처럼 말하지는 않는다. 우리가 착각하는 것 중의 한 가지이다. 원어민한테 수업을 들으면 아이가 영어를 금방 할 것만 같은 생각 말이다.

아이들은 의미를 모른 채 영어로 계속 수업을 듣는다. 그래서 아이들은 어렵게 느낄 것이다. 딴짓하는 아이들은 그런 이유인 것 같다. 일주일에 한 번 수업을 하기 때문에 큰 효과를 기대하기는 어렵다. 하지만 아예

하지 않는 것보다는 더 나을 수 있을 것이다. 아이들은 실제로 원어민을 만나기가 쉽지 않기 때문이다.

아이들과 영어 동화책을 읽을 때 우리는 자신감을 가질 필요가 있다. 엄마의 주특기를 살려서 읽어주면 된다. 아이 앞에서 마음껏 오버하면서 읽어주면 된다. 물론 정확한 발음도 중요하다. 또박또박 읽는 것도 중요하다. 하지만 아이는 재미있게 들었던 것을 훨씬 더 오래 기억한다. 오래 기억한다는 것은 재미있다는 말과도 같다.

나는 동물에 관한 이야기를 읽어줄 때 더 재미있게 읽어주려고 노력했다. 내가 가지고 있는 교구 중 동물 가면을 활용했다. 이야기가 끝날 때쯤 동물 가면을 쓰고 잡기 놀이까지 했다. 아이는 엄마의 발음보다는 재미있게 읽었던 것을 기억한다. 엄마랑 책 읽는 시간은 재미있는 시간이라고 기억하는 것이다.

원어민처럼 책을 읽어야 한다는 강박에 시달리지는 말자. 아이는 우리를 혼내지 않는다. 우리 스스로 아이에게 미안한 마음이 드는 것뿐이다. 엄마표 영어를 했던 엄마들은 원어민이 아니어도 모두 훌륭히 아이들을 키워냈다. 우리는 원어민이 아니라 평범한 엄마이다. 그냥 우리 아이를 사랑하는 엄마 말이다.

발음이 좋다고 영어를 잘하는 것은 아니다. 영화배우가 대본을 잘 읽는다고 해서 연기를 잘하는 것은 아니다. 배우는 관객에게 감동을 줄 수 있는 배우가 훌륭한 배우이다. 단순히 대사를 잘 읊는다고 해서 다 훌륭한 배우는 아니다. 책을 읽었다는 것이 중요하다. 좋은 발음이 중요한 것은 결코 아니다.

내가 미국에서 영어 공부를 할 때 이야기다. 나는 여러 나라에서 온 친구들과 함께 공부했다. 제 2언어로 영어를 배우는 과정이었다. 이 과정을 다 마치면 정규 수업을 들을 수 있었다. 같은 반 아이들은 인도에서 온 친구도 있고, 네팔에서 온 친구도 있었다. 중국과 일본에서 온 친구들도 있었다. 유독 인도에서 온 아이들이 많았다.

특히 인도 친구들이 말을 하면 알아듣기가 힘들었다. 물론 그 친구도 내가 하는 말을 못 알아들었는지도 모른다. 한 반에 다양한 국적의 학생들이 섞여 있었다. 모두 다 각자 다른 스타일로 영어를 구사했다. 하지만 중요한 것은 자세히 들으면 알아들을 수 있다는 것이다. 조금 시간이 걸린다는 것 빼고는 좋았다. 각국의 음식을 가지고 와서 설명해주고 맛있게 먹었던 기억도 난다.

인도에서 태어난 아이는 인도 엄마에게 영어를 배울 것이다. 당연히 인도 발음으로 책을 읽어줄 것이다. 일본에서 태어난 아이는 일본 발음으로 엄마가 책을 읽어줄 것이다. 아무런 문제가 되지 않는다. 우리는 한국에서 태어났으니 한국 엄마 스타일로 읽어주면 된다. 발음이 근본적인 문제가 되는 것은 아니다.

원어민의 목소리를 들려주는 것도 중요하다. 요즘은 인터넷에서도 원어민이 읽어주는 동화를 얼마든지 찾을 수 있다. 아이가 놀고 있을 때 영어 동화를 틀어주는 것도 좋은 방법이다. 물론 영어 동요도 들려주면 좋다. 엄마의 목소리로 책을 읽어주는 것이 첫 번째이다. 그리고 그 후에 원어민의 목소리를 수시로 들을 수 있도록 해주자. 아이가 무조건 엄마처럼 읽을 것이라는 걱정은 하지 말자. 아이는 자연스럽게 영어를 구사할 것이다.

아이들이 영어로 말하는 것을 들어본 적이 있을 것이다. 아이들은 엄청 과장되게 말하는 경우가 있다. 여자아이들은 발음에도 신경 쓰고 예쁘게 말하려고 한다. 남자아이들도 과장되게 말하는 것을 보게 된다. 사실 엄마는 그 정도로 과장하지는 않는다. 아이들도 스스로 영어를 잘하는 것처럼 보이고 싶어 하는 것 같다. 표정도 예사롭지가 않다. 이 모든 것을 엄마가 가르쳤을 거라고는 생각하지 않는다. 아이들도 자신의 스타일로 표현하는 것 같다.

나는 나의 발음과 상관없이 아이에게 내 목소리를 들려주었다. 발음보다는 어떻게 하면 재미있게 읽어줄까 생각했다. 원어민 발음은 아니었지만, 재미있게 읽어주려고 했던 것 같다.

내가 아는 지인은 영어만 읽으면 자꾸 웃음이 나와서 못 읽겠다고 했다. 혼자 읽다가 갑자기 어색해서 못 읽겠다는 것이다. 그래서 몇 번 시도하다가 포기했다고 했다. 그냥 읽는 것이 아니라 감탄사를 살려서 읽어야 하니 더 그랬나 보다. 당연히 영어책을 아이에게 읽어주는 것은 어려운 일이다. 우리가 어릴 때 엄마가 영어책을 읽어준 것을 들어본 적이 없기 때문이다. 우리가 경험해보지 못했기 때문에 어색한 일인지도 모르겠다.

아이에게 책을 읽어주는 사람은 엄마이다. 아이만 성장하는 것은 아니다. 엄마도 아이와 함께 성장한다. 영어책을 읽어주며 엄마도 공부한다. 엄마의 발음은 항상 그대로 있지 않다. 아마 점점 변화되는 모습을 볼 수 있을 것이다.

외국인이 하는 한국말을 들어본 적이 있을 것이다. 한국말을 하기는 하는데 뭔가 억양이 어색하다. 한국말은 한국말인데 어색하게 들리는 것은 어쩔 수가 없다. 외국인도 마찬가지다. 우리가 영어를 하면 외국인도 그렇게 느낄 것이다. 영어는 영어인데 어색한 영어로 들리는 것은 당연하다.

영어 발음은 우리에게 어떤 장애물도 아니다. 우리에게는 사랑과 열정이 있다. 하루아침에 발음을 고친다는 것은 어려운 일이다. 하지만 우리는 사랑을 담아 책을 읽을 것이다. 발음보다 중요한 것은 엄마의 마음이다. 원어민이 읽어준다고 과연 우리 아이가 즐거워할지 의문이 든다. 아무리 발음이 안 좋은 엄마라도 엄마가 읽어준 책이 더 재미있을 것이다. 다른 이유는 없다. 엄마가 해주면 다 좋다. 엄마가 해준 음식이 세상에서 제일 맛있는 것처럼. 오늘도 당당히 우리 아이에게 동화책을 읽어주자. 엄마 스타일로.

일상에서 말해봐요 : 요리할 때

Mom : What do you want to make? 뭘 만들고 싶니?

Kid : I want to make a pizza. 피자 만들고 싶어요.

Mom : Let's make a pizza. 피자 만들기 해보자.

Kid : Look what I made. 제가 만든 것 좀 보세요.

Mom : It looks yummy. 맛있겠다.

5장

가르치는 영어가 **아닌 함께 노는** 영어를 하라

01

아이는 놀이할 때 가장 잘 배운다

"You're perfect! 완벽해!"

아이들은 놀 때 '지금부터 잘 놀아야지.' 하면서 놀지는 않는다. 그냥 본인이 놀고 싶은 대로 논다. 칭찬을 받기 위해서 놀지도 않는다. 노는 것 자체를 즐긴다. 자신이 흥미 있는 분야는 더 열심히 잘 논다. 흥미를 느끼면 그 속에서 분명히 무언가를 배우게 된다. 개미를 보면서 놀면 개미에 대해서 알게 되는 것처럼 깨달음이 있다.

우리 아들은 장난감 자동차를 아주 좋아했다. 종류별로 거의 다 샀다. 작은 것부터 큰 자동차까지 전시장이 따로 없었다. 하루는 아주 작은 자동차만 가지고 놀았다. 또 다른 날은 큰 자동차만 가지고 놀았다. 이렇게 놀았다가 저렇게 놀았다가 자기 마음대로 자동차를 가지고 왔다 갔다 했다. 우리 아이는 외동아들이다. 그래서 혼자였다. 하지만 혼자서도 뭐라고 중얼중얼하고 엄청 바빠 보였다. 경찰차를 가지고 나쁜 사람을 잡으러 간다고 했다. 또 빨리 소방차로 불을 끄러 가야 한다고 했다. 뭐가 이리 바쁜지 계속 중얼거렸다.

아이 혼자서 장난감 사회생활을 하고 있었다. 동화책에서 본 내용들을 생각나는 대로 이야기하면서 놀고 있는 것이었다. 책 속에서 본 내용을 연기하고 있었다. 아마도 경찰 아저씨가 나쁜 사람을 잡으러 가는 것이 감명 깊었나 보다.

아이와 동화책을 읽고 나면 다 이해했을까 하고 질문을 한다. 잘 안 듣고 있는 것 같기도 해서 질문을 하기도 한다. 하지만 아이는 다 듣고 있다. 그리고 어느 날 갑자기 뜬금없이 읽었던 동화책 이야기를 한다. 아이들은 우리가 모르는 자기만의 세계가 있다. 물론 우리도 어렸을 때는 비슷했을 것이다. 단지 우리가 기억하지 못하는 것뿐이다. 책 읽기 역시 아이들은 놀이라고 생각할지도 모른다.

어린이집에서 수업할 때 아이들은 게임을 하면 더 즐겁게 수업에 참여한다. 약간은 딱딱한 내용도 게임과 연결하면 훨씬 수업이 즐겁다. 주로 파닉스 수업은 아이들이 지루해한다. 글자 이름을 배우고 글자의 소리를 배운다. 그야말로 재미는 없는 내용이다.

단어를 배울 때도 마찬가지다. 영어 단어는 그림카드보다는 어렵게 느껴진다. 아이들은 어렵다고 느끼는 순간 흐트러진다. 수업 분위기가 완전히 망가진다. 짧은 시간 동안 효율적으로 아이들을 가르쳐야 한다. 그런데 수업이 흐트러지면 나도 힘들고 아이들도 힘들어진다.

놀이로 접근하지 않고서는 아이들과 수업을 하기 힘들다. 모든 수업은 놀이와 연계해야 즐거운 수업으로 마칠 수 있다. 물론 아이들도 공부가 아닌 놀이로 느끼게 하는 것이 선생님의 능력이다.

아이들과 수업하면서 정말 많은 게임을 한 것 같다. 단어를 숨겨놓고 단어를 찾아보기도 하고, 단어 속에 빠진 알파벳을 찾기도 했다. 아이들은 스펠링을 외우지 않는다. 아이들은 외우는 것을 싫어한다. 벌써부터 암기를 한다는 것은 정말 생각하기 싫다. 내가 제일 싫어하는 것이 암기하는 것이었다. 아이들을 괴롭히기는 싫었다.

나는 아이들이 단어를 외우기를 원치 않았다. 집중해서 잘 들으면 바로 할 수 있는 게임이 더 즐거운 방법이라고 생각했다. 또 그 방법이 아이들에게는 맞다고 생각했다.

우리 아들이 자동차를 가지고 잘 놀고 있을 때 나는 질문을 했다. 자동차가 몇 개 있는지 질문했다. 다섯 개가 있다고 했다. 그리고 함께 세어보자고 했다. 처음에는 우리말로 세어보고 다음은 영어로 세어보았다. 그때 숫자를 세는 것을 배웠기 때문에 셀 수 있었다. 장난감 자동차는 색깔이 다양하다. 빨간 자동차 주라고 하면 아이는 알아듣고 내게 준다. 그런데 만약 내가 '지금부터 숫자 공부하자.'라고 말했다면 싫다고 했을 것이다. 지금 놀고 있는데 공부하자고 하면 당연히 싫을 것이다. 어른이나 아이나 기분이 좋을 때 말을 시키면 잘 들어준다.

아이들은 게임을 하면 평상시보다 훨씬 더 말을 잘한다. 평소에는 조용한 듯 보여도 게임을 하면 말을 더 잘한다. 게임이 빨리빨리 진행되다 보면 아이들도 말이 빨라진다. 자기도 모르게 게임에 집중하고 속도를 맞추어 잘한다.

아이들 모두 응원도 잘한다. 응원하라고 하지도 않았는데 목소리를 높여서 응원한다. 재미가 나니까 온 교실이 시끌시끌하다. 마치 월드컵 때 했던 응원을 방불케 했다. 그런데 수업 시간이 거의 다 끝나간다. 아이들도 다들 아쉬워한다.

두 팀을 만들어서 게임을 하고 이긴 팀에게는 점수를 준다. 아이들은 놀이 자체를 즐긴다. 놀이 속에서 배우고 있다는 것을 아이들은 모른 채 놀이에 집중한다. 나는 아이들이 이렇게 행복하게 노는 모습을 보면서 보람도 느꼈다.

놀이는 아이들의 성격도 더 밝게 바꾼다. 그리고 협력하는 법도 배운다. 배려하는 것도 배운다. 게임을 할 때 아무렇게나 할 것 같아도 아이들은 규칙을 지키며 한다. 순서도 잘 지지키고 느린 친구를 기다려주기도 한다. 게임하는 동안 얼굴 표정이 모두 밝다. 얼굴을 찡그리는 아이는 한 명도 없었다. 그래서 그런지 아이들은 게임하는 시간을 기다렸다. 항상 게임만 하자고 졸라댔다.

아이에게 공부를 공부로 접근하지 말고 놀이로 접근하면 쉽다. 아이도 즐겁고 엄마도 즐겁다. 아이가 영어를 잘하기를 바라는 마음은 간절하다. 아이들은 엄마의 간절한 소망을 알지 못한다. 엄마는 아이를 끌고 가려고 한다. 아이는 엄마 마음처럼 잘 끌려오지 않는다. 아주 고집 센 황소를 끌고 가는 것 같은 기분이 들 수도 있다.

억지로 하는 일이 좋은 결과를 낸 것을 본 적이 별로 없다. 했다고 해도 오래가지 못한다. 우리가 원하는 결과가 아니다. 우리는 아이가 차곡차곡 잘 쌓아놓을 것이라고 생각한다. 하지만 아이가 배움을 거부하면 정말 비상사태이다. 비상사태를 원하는 엄마는 아무도 없다. 나 역시도 원하지 않는다. 만약 아이들이 영어 공부를 거부한다면 암담할 것이다. 무조건 주입식 교육을 하고 외우라고 한다면 아이들은 영어 선생님을 거부할 것이다. 상상도 하기 싫은 일이다.

혹시 지금 비상사태를 맞이한 엄마와 아이가 있을지도 모르겠다. 자꾸 아이에게 강요하고 있지는 않은지 생각해보자. 오늘은 동화책 두 권 읽으라고 숙제를 내준다. 그리고 엄마는 나 몰라라 한다면 이 집은 비상상태 일보 직전이다. 말은 안 하지만 의외로 비상상태를 겪고 있는 집이 있을 수 있다. 엄마와 아이는 서로 묵언을 수행하고 있을지도 모른다. 우리가 가장 겪고 싶지 않은 상황이다. 엄마의 강요로 아이는 더 이상 공부하지 않겠다고 거부하는 것이다. 영어는 너무 싫다고…….

아이들이 제일 싫어하는 것은 숙제하는 것이다. 숙제를 좋아하는 사람은 없다. 아이에게 숙제를 내주지 말자. 아이와 즐겁게 놀아주면 그것이 공부이고 놀이고 사랑이다. 엄마는 아이에게 사랑을 주는 사람이 되어야 한다. 좋은 관계를 유지해야 공부도 되고 놀이도 된다.

아이에게 다가가는 방법은 여러 가지다. 맛있는 음식을 사줄 수도 있다. 재미있는 영화를 보여줄 수도 있다. 또 재미있는 책을 읽어줄 수도 있다. 우리는 아이가 좋아하는 것을 잘 알고 있다. 알고 있지만 우리는 재미있게 해주는 것을 망설인다. 노는 것으로 끝날 것 같은 걱정 때문이다. 하지만 걱정과 달리 놀이 속에서 아이는 성장한다. 아이는 놀 때가 제일 행복하다. 그래서 방학을 기다린다. 왜냐면 마음껏 놀 수 있기 때문이다. 논다는 것은 남녀노소를 가리지 않는다.

일상에서 말해봐요 : 자전거 탈 때

Mom : Do you want to ride a bike? 자전거 탈래?

Ready set go! 출발!

Hold on! 꽉 잡아!

Don't worry. 걱정하지마.

Slow down. 천천히 가.

Kid : Yes, mom. 네, 엄마.

Mom : Don't look behind! 뒤돌아보지 마.

02

엄마가 가장 좋은 놀이 영어 선생님이다

"You're a treasure! 너는 보물이야!"

엄마가 좋아? 아빠가 좋아? 하고 아이에게 물어보면 아이들은 잠시 주춤한다. 엄마라고 하면 아빠가 서운할 것이다. 아빠라고 하면 엄마는 더 서운해할 것이다. 아이들도 눈치를 보며 잠시 생각한다. 누구라고 말해야 지금 나한테 유리할지 생각하는 것 같다. 아이들도 아주 영특하다. 다른 아이의 이야기가 아니라 내 아이가 그렇다는 것이다. 궁금하면 한번 물어보자. 누구라고 대답할지 궁금하다.

엄마와 자녀는 정말 끈끈한 사이이다. 엄마는 아이의 눈빛만 봐도 배가 고픈지 화장실 가고 싶은지 다 알고 있다. 기저귀를 갈 시간이 된 것도 정확히 안다. 이상하게 아빠들은 모른다. 기저귀를 언제 갈아야 하는지 도통 알려줘도 모른다. 도망이나 안 가면 다행이다.

엄마와 아이는 바로 이런 사이이다. 아이는 엄마에게 많은 것을 기대고 의지한다. 신발이 안 보이면 엄마를 부르고, 가방이 안 보이면 엄마를 부른다. 아빠는 부르지 않는다. 아빠한테는 물어봐도 원하는 답을 얻지 못한다. 엄마에게 물어보라는 답을 들을 것이 뻔하기 때문이다. 아이들은 생각보다 세상의 이치를 일찍 깨닫는다.

엄마가 방에 들어가면 엄마를 따라간다. 화장실에 가면 화장실도 따라온다. 부엌에 가면 부엌에도 따라온다. 무조건 엄마만 졸졸 따라다닌다. 엄마를 최고라고 여길 때가 제일 좋을 때다. 아이는 엄마를 무조건 따르기 때문에 최고의 교육을 할 수 있다. 엄마 말은 법이고 엄마 말은 진리라고 여기기 때문이다. 우리는 이때를 놓쳐서는 안 된다. 아이에게 해줄수 있는 모든 것을 해주어야 한다.

아이들은 신나는 음악에 덩실덩실 춤을 춘다. 신나는 동요를 틀어놓고 아이와 함께 놀아주자. 아이들은 신나는 멜로디와 가사를 들으며 덩실덩실 춤을 출 것이다. 아이는 엄마가 하는 모습을 서툴지만 열심히 따라서 할 것이다. 알파벳 송을 틀어도 좋고, 어떤 노래도 좋다. 아이와 함께 즐겁게 즐길 수 있는 것이면 어떤 것이라도 좋다.

우리 아들은 엄마를 영어 시간에도 만나고 집에서도 만났다. 영어 시간에는 선생님과 제자로 만났다. 그래서 그런지 영어 시간에는 좀 더 격식을 차리고 나를 대하는 것 같기도 했다. 한편으로는 아들에게 고마웠다. 우리 엄마라고 떠들고 다니면 내가 곤란했을 텐데 한 번도 그런 일은 없었다. 집에 오면 아들은 180도로 돌변했다. 집에 와서는 엄마를 혼자서 독차지한다. 바로 엄마와 아들로 돌아온다. 집에 오면 영락없이 아기다.

아이와 집 근처 공원과 놀이터에 놀러 갔다. 한참 자전거와 줄넘기 연습을 하고 있었다. 집 밖에서도 아이와 얼마든지 놀면서 배울 수 있다. 우리 아들은 자전거를 배우면서 울기도 하고 화도 내고 짜증도 냈다. 넘어지면 울었고 또 안 잡아주었다고 울고 계속 울었다. 결국 자전거 타기에 성공했다. 그리고 자전거를 영어로 기억했다.

줄넘기를 배울 때도 울보였다. 줄이 자꾸 걸린다고 괜히 나에게 화를 내기도 했다. 두 번 이상 셀 수가 없었다. 선생님이라고 생각하면 그렇지 않았을 것이다. 그런데 엄마라는 이유로 나에게 화를 낸 것 같았다. 웃으면 웃는다고 화를 냈다. 나는 그 모습이 그저 귀여울 뿐이었다. 아들과 나는 울다가 웃다가를 반복했다. 사이가 돈독하니 무엇을 해도 재미가 있었고, 하는 것마다 즐거웠다. 내가 하자고 하면 무엇이든지 좋다고 하며 잘 따라주었다.

집안에서 우리는 달리기도 하고 잡기 놀이도 했다. 무조건 앉아서 책만 읽는다고 공부가 아니라고 생각했다. 집이 넓어서가 아니라 일단 달리면 되는 것이고, 잡기 놀이를 하면 놀이가 되는 것이었다. 남자아이라서 그런지 주로 달려 다닌 것 같다.

여자아이들은 엄마 아빠 놀이를 좋아한다. 엄마가 되어 보기도 하고, 아빠가 되어 보기도 한다. 아이들은 목소리도 흉내를 잘 낸다. 엄마 목소리는 예쁘게 하고, 아빠 목소리는 걸걸하게 흉내 낸다. 가르쳐주지도 않았는데 역할마다 잘 소화했다. 타고난 배우처럼 말이다. 중간중간 가족을 영어로 말해보기도 한다.

아이들과 공부한다고 무조건 책을 펼쳐놓고 해야 한다고 되는 것은 아니다. 물론 놀면서도 할 수 있다. 놀이로 배우면 더 오래 기억한다. 초등학생과 초등 이전의 아이는 공부 방법이 달라야 한다. 초등학생은 놀이보다는 책을 통한 학습이 더 효과적이다. 초등 입학 전 아이들은 놀이를 통한 학습이 더 효과적이다. 엄마는 아이와 놀면서도 고도의 작전을 펼쳐야 한다. 방금 블록을 가지고 놀았어도 아이와 공부할 수 있다. 색깔을 물어볼 수도 있고, 몇 개인지도 물어볼 수 있다. 순간순간 아이에게 질문

할 수 있다. 그러면 아이도 놀이로 생각하고 답할 수 있다.

날씨도 이야기하며 놀 수 있는 흔한 주제이다. 창밖을 보면서도 할 수 있다. 날씨에 관한 노래를 틀어놓고 아이와 같이 부르면서도 할 수 있다. 날씨 퀴즈를 할 수도 있다. 엄마는 온몸으로 표현하고 아이는 맞추는 게임을 할 수 있다. 일상에서 어떤 주제를 가지고도 우리는 아이와 놀 수 있다. 놀 때는 그냥 놀면 된다. 너무 복잡하게 생각할 필요가 없다. 놀면서 공부를 시켜야지 하는 생각도 하지 말자. 그러면 노는 것 자체가 엄마에게는 스트레스다. 아이와 일단 재미있게 놀면서 잠깐씩 몇 마디 나누면 되는 것이다.

엄마는 아이의 일상을 가장 가까이에서 함께한다. 아이의 가장 좋은 친구가 될 수 있다. 친구끼리는 서로 혼내지 않는다. 동등한 위치에서 서로 노는 것이다. 엄마 역시 아이를 친구라고 생각하고 함께 놀아주면 된다. 아이에게 놀면서 뭔가를 기대하면 진정한 놀이가 될 수 없다. 혼내지 않고 사이좋게 놀면 된다. 아이와 영화를 함께 보는 것도 좋은 놀이다. 맛있는 간식을 준비해서 영화를 보는 것이다. 아이가 좋아할 만한 것을 골라서 보면 재미있게 시간을 보낼 수 있을 것이다. 엄마가 고를 수도 있고, 아이에게 보고 싶은 것을 고르게 해도 좋다.

영화는 원래 좋아하는 사람끼리 보는 게 제일 재미있다. 물론 엄마와 아이는 보통 사이가 아니다. 영화가 얼마나 재미있을지 상상이 된다. 영화가 아니라 만화도 좋다. 책을 읽으면 공부하는 느낌인데 영화를 보면 놀고 있는 느낌이 든다.

나는 집에서 아이에게 공부하는 것을 강요하고 싶지 않았다. 지금부터는 책을 읽어야 하고 1시간 후에는 쓰기를 해야 하는 스파르타식의 방식은 싫었다. 엄마가 시키는 대로 잘하면 착한 어린이라고 부른다. 하지만 엄마가 시키는 대로 하지 않으면 말썽쟁이라고 부른다. 반대로 엄마도 공부만 시키는 나쁜 엄마가 있고, 재미있게 놀아주는 착한 엄마가 있다.

어떤 엄마가 되고 싶은지 묻고 싶다. 바로 선택하기 어렵다면 당신은 나쁜 엄마일 확률이 높다. 나는 주저하지 않고 착한 엄마를 고를 것이다. 벌써부터 나쁜 엄마가 되기는 싫다.

나는 영원히 착한 엄마가 되고 싶다. 나의 솔직한 마음은 아이가 공부를 못해도 상관없다. 대신 행복한 아이가 되기를 바란다. 행복한 아이는 자신의 삶을 행복하게 만들 것이다. 엄마는 아이의 제일 좋은 친구이자 똑똑한 멘토가 되어야 한다. 한마디로 똑똑한 친구가 되어야 한다.

아이는 항상 엄마와 놀 준비가 되어 있다. 엄마가 준비만 하면 된다. 우리는 이 세상에서 제일 재미있는 놀이를 찾아야 한다. 우리 아이가 좋아할 만한 놀이를 말이다. 그리고 함께 놀아주면 된다. 우리는 우리 아이의 친구이자 우리 아이의 최고의 놀이 선생님이 될 수 있다. 착한 엄마가 될 것인지 나쁜 엄마가 될 것인지 선택은 본인의 몫이다.

일상에서 말해봐요 : 색칠놀이 할 때

Mom : What color do you need? 무슨 색 필요해?

Kid : I need blue. 파란색이 필요해요.

Mom : There is no blue. 파랑색이 없네.

Kid : I want green. 초록색 주세요.

Mom : Okay, here you are. 그래, 여기 있다.

03

하루 10분 놀이 영어는 누구나 할 수 있다

"You are wonderful! 훌륭하구나!"

아이들과 함께 있다 보면 시간 가는 줄 모른다. 아이들은 잠시도 가만 있지 않고 움직인다. 또 이야기하고 돌아다니는 것을 좋아한다. 이런 아이들과 앉아서 공부하는 것은 만만한 일이 아니다. 공부하자고 하면 도 망갈지도 모른다. 하지만 놀이하자고 하면 좀 더 쉽게 앉아 있을 것이다. 왜냐면 아이들은 노는 것을 좋아하니까 말이다.

내가 아이들을 가르칠 무렵 일이다. 사람들은 어떻게 아이들과 10분 동안 수업을 할 수 있냐고 물어보았다. 잠시도 가만히 있지 않고 움직이 는 아이들이 얌전히 앉아 있을 수 있냐고 궁금해했다. 가르치는 사람은 아이들이 좋아할 만한 것을 알고 있다. 특별한 비법이 있는 것은 아니고,

아이들의 호기심을 자극해주었다.

나는 아이들이 호기심을 불러일으킬 만한 교구를 사용했다. 그리고 필요한 교구를 수시로 만들었다. 수업이 끝나면 다음에 쓸 교구를 만들었다. 주제별로 교구를 만들다 보면 양이 어마어마했다. 교구를 만드는 것은 힘들었지만, 아이들은 나의 교구 수업을 좋아했다. 요즘 아이들은 디지털 시대에 살고 있지만, 아날로그 교구를 더 좋아했다. 진심은 통하나 보다.

예전에 TV에서 손자를 키우는 할머니가 나왔다. 할머니는 손자에게 영어를 가르쳤다. 할머니가 영어를 가르친다는 것은 놀라운 일이었다. 젊은 엄마들도 어려워하는 일이다. 그런데 손자를 위해 영어를 가르치고 있었다. 자세히 보니 아이와 즐겁게 놀면서 공부했다. 커다란 종이에 손자를 직접 눕게 했다. 그리고는 커다랗게 그렸다. 종이 위에 손자를 대고 그렸다. 그리고는 신체(body)에 대해 알려주었다.

손자는 자기 모습을 신기해하며 영어 놀이에 참여했다. 내가 봐도 엄청 재미있어 보였다. 머리(head)와 어깨(shoulder), 무릎(knee), 발가락(toe)을 공부했다. 보통은 그림책으로 배우는데 할머니와 손자는 직접 그림을 그려서 배웠다. 훨씬 더 즐거운 방법이었다.

할머니와 놀이를 하던 아이의 얼굴에는 웃음이 떠나지 않았다. 힘들어하는 기색이 하나도 없었다. 할머니라고 영어를 못 가르치라는 법은 없다. 너무나도 멋진 할머니였다. 손자를 사랑하는 마음이 너무나도 예뻤다. 할머니도 손자를 위해 놀아주었다. 엄마는 당연히 더 잘 놀아줄 수 있다. 나 역시 이 할머니에게 한 수 배운 것 같다. 커다란 종이 위에 우리 아들도 그려주고 싶다.

요즘은 할아버지도 유모차를 끌고 와서 도서관에서 손자 손녀랑 책을 읽는다. 10분 놀이는 누구나 할 수 있다. 만약 힘들면 5분씩 하다가 시간을 늘려가보자. 시간이 지나면 10분도 짧게 느껴진다. 10분 놀이는 특별한 사람만 할 수 있는 것은 아니다.

영어에 자신이 없어도 얼마든지 할 수 있다. 시도해보면 별거 아니라고 느낄 것이다. 10분 놀이는 관심만 가지면 누구나 할 수 있다. 할머니 할아버지도 손자 손녀를 위해서라면 할 수 있다.

나는 아들과 어렸을 때 숨은그림찾기 놀이를 자주 했다. 숨은그림책은 인터넷에서 쉽게 살 수 있었다. 다양한 그림이 있었고 아이가 좋아하는 캐릭터도 있었다. 숨어 있는 또 다른 그림을 찾는 것은 은근히 재미있었다. 나도 어릴 때 좋아했던 놀이 중 하나였다. 단순한 게임이지만 집중력도 기를 수 있다. 그리고 끈기도 생기는 것 같았다. 단점은 못 찾으면 화가 난다는 것이다.

숨은그림에 있는 단어를 영어로 말하면 아이는 찾았다. 숨은그림찾기에 연필(pencil)은 꼭 나왔다. 그리고 붓(brush)도 꼭 나왔다. 연필과 붓을 말하면 알아듣고 찾았다. 그리고 모르면 한글로 알려주기도 했다. 때로는 온몸으로 표현하기도 했다. 간단한 놀이를 통해서 아이와 놀다 보면 10분은 금방 지나갔다.

나는 어릴 때 신문이나 잡지에 나오는 숨은그림찾기를 했다. 요즘은 숨은그림찾기도 훨씬 예쁘고 색깔도 화려하다. 아이들의 마음을 잘 아는 것 같다. 우리 때는 흑과 백으로 된 숨은그림찾기를 했는데 요즘 아이들이 부럽긴 하다.

아이들은 호기심이 많다. 그래서 이것저것 만지는 것을 좋아한다. 집에서 엄마와 함께 간단한 반죽을 만들어서 노는 것도 좋다. 나는 아이가 어릴 때 주말에 집에서 머핀을 함께 만들었다. 크기가 큰(big) 머핀도 만들고 작은(small) 머핀도 만들었다. 머핀을 만들면서 크고 작은 사이즈를 알려주기도 했다. 이렇게 간단한 간식을 만들 때도 아이와 함께 놀이처럼 즐겼다.

아이들은 엄마가 만들어준 간식만 먹다가 같이 만들면 좋아한다. 그리고 본인이 만든 머핀은 더 맛있게 느껴진다. 본인이 만든 머핀은 다른 사람이 먹으면 큰일이 난다. 그래서 아이가 만든 머핀은 아이가 꼭 먹도록 했다.

아이와 밀가루로 반죽을 해서 놀아도 재미있다. 아이가 직접 만드는 것을 좋아해서 함께 알파벳 쿠키를 만들기도 했다. 밀가루 반죽을 해서 알파벳 모양의 쿠키 틀을 이용했다. 알파벳이 A부터 Z까지 있었다. 색깔도 알록달록 예쁜 알파벳이었다.

아이에게 만들고 싶은 알파벳을 먼저 찾게 했다. 그리고 쿠키를 만들었다. 알파벳을 찾아서 밀가루 반죽에 찍으면 완성이다. 어렵지는 않았다. 그런데 과연 오븐에 구우면 먹을 수 있을까 하는 걱정도 되었다. 역시 예상대로 맛은 없었다. 그래도 아들은 자신이 만든 알파벳 쿠키라며 좋아했다.

알파벳 쿠키로 단어 만들기 놀이도 했다. 간단한 단어를 보여주고 알파벳을 찾아서 글자를 완성하는 놀이였다. 다 완성하면 쿠키는 먹을 수 있도록 했다. 간단한 동물 이름을 만들어도 되고, 쉬운 단어를 말해주고 만드는 것이다.

엄마가 고양이(cat)를 말하면 아이는 고양이(cat)를 만드는 것이다. 알파벳 세 개를 찾아서 연결하면 고양이가 완성된다. 또 강아지(dog)를 말하면 강아지(dog)를 만들면 된다. 쉽고 만들기도 간단해서 의외로 아이가 재미있어한다. 그리고 본인이 만든 알파벳이기 때문에 더 애착을 느끼고 놀이에 참여했다.

아이와 노는 것을 어렵게만 생각하지 말자. 일상에서 아이와 함께 노는 방법은 정말 다양하기 때문이다. 뭘 하고 놀아야 하는 걸까 하고 생각하면 고민만 하게 된다. 아이들에게는 정말 일상의 모든 것이 놀이의 재료가 될 수 있다. 그리고 누구나 아이와 놀이를 할 수 있다. 심지어 어린 누나가 어린 동생과 놀면서 동생을 가르쳐주기도 한다.

누나가 알고 있는 것을 동생에게 전수하기도 한다. 아이가 아이를 가르쳐주는 것이다. 아마 자녀가 여러 명인 집은 이런 경우가 흔할 것이다. 집안에서 예절도 가르쳐주고 엄마가 싫어하는 것도 미리미리 알려준다. 그리고 엄마가 좋아하는 것을 잘 알고 있다. 그것도 동생에게 알려준다. 자기들끼리 선생님 놀이를 하기도 한다. 아이들은 아이들을 좋아한다. 놀이는 그야말로 누구나 함께할 수 있는 것이다.

영어 선생님만 아이들을 가르치는 것은 아니다. 엄마도 아빠도 할 수 있다. 심지어 할머니 할아버지도 할 수 있다. 놀이는 일상에서 찾으면 할 것이 너무나 많다. 주변을 보면 모든 것이 다 놀 수 있는 재료다. 우리는 그것을 활용하기만 하면 된다.

놀이터에 가면 놀이터의 모래도 좋은 놀이의 재료가 된다. 심지어 집에 있는 양말도 놀이의 재료가 될 수 있다. 양말이 갑자기 공으로 변신하기도 하기 때문이다. 빨래를 정리하다가 양말로 공놀이와 던지기 놀이를 하기도 했으니까 말이다. 아이와 놀아주려는 마음만 있으면 모든 것이 다 놀이로 연결된다.

우리 아이들을 심심하게 만들지 말자. 어른도 심심하면 재미가 없다. 하루에 10분 정도 아이와 끝말잇기라도 하자. 재미있는 동화책도 읽어주자. 나처럼 반죽을 만들어서 하루 재미있게 놀아주자. 아이에게 지루한 하루를 보내게 하지 말자. 놀이터에도 나가보자. 놀이동산에도 데려가보자. 아이가 행복하게 노는 것을 볼 때 부모도 역시 행복하다. 행복한 놀이는 행복한 가족을 만든다.

04

가르치는 영어가 아닌 함께 노는 영어를 하라

"You are the best! 최고야!"

우리나라 사람은 세 명이 만나면 한 사람은 꼭 가르치려 한다고 한다. 아이를 둔 엄마들 역시도 아이를 가르치려고 한다. 아이 스스로 할 기회를 주지 않는다. 엄마가 잔소리를 하면 마음이 풀리고 안심을 하는 것 같다. 잔소리는 기본적으로 가르치려 하는 마음이 깔려 있다.

어른들은 아이들에게 정보 전달을 할 때 반드시 가르쳐야 한다고 생각한다. 물론 부모의 보살핌이 필요하다. 하지만 지나치면 잔소리가 되고 아이에게도 부정적인 영향을 준다. 무조건적인 주입식 가르침은 일방통행이다. 우리는 일방통행을 원하지 않는다.

4세부터 7세의 초등 이전 아이들은 놀이로 학습을 하는 것이 좋다. 아직 한글도 잘 모르는 아이들도 많이 있다. 문자 학습도 중요하다. 하지만 놀이를 통해서 하면 흥미 유발도 되고 참여도도 높다. 아이들에게 영어 단어도 그림카드를 활용하면 더 쉽게 느낀다. 글자보다는 그림이 더 시각적으로 쉽게 느껴지기 때문이다.

아이들의 발달 수준은 제각각 다 다르다. 좋아하는 것도 제각각 전부 다르다. 키가 큰 아이도 있고 작은 아이가 있듯이 학습에서도 그렇다. 선행 학습을 한 아이들은 수업 시간에 더 잘하기도 한다. 학습적인 노출이 더 많이 된 아이들이다. 다양한 아이들의 수준 때문에 평균의 수준에 맞게 수업을 하게 된다.놀이로 접근하면 잘하는 아이도, 못하는 아이도 모두 즐길 수 있었다. 스포츠에 관한 수업을 할 때였다. 나는 스포츠에 관련된 교구를 준비했다. 야구에 대한 단어를 배울 때는 야구공과 방망이 교구를 이용하기도 했다. 실제로 야구 방망이와 공을 가져가지는 않는다.

예를 들어 축구와 농구를 배운다고 하자. 그러면 공 모양을 두 개로 나눠서 만들어놓는다. 그리고 내가 스포츠 이름을 말하면 아이들은 조각난 공을 연결하면 되는 것이었다. 조각난 공을 완성하고 나서는 크게 외친다. "Soccer! Soccer! I like Soccer!"

만약 야구공을 완성하면 "Baseball! Baseball! I like baseball!"이라고 크게 외친다. 단순히 글자로 공부하기보다 이렇게 놀이를 접목하면 아이들은 훨씬 재미있어한다. 서로 공을 완성하기 위해 열심히 문장을 따라서 한다. 공 하나를 완성하고 나면 항상 아이들은 올림픽에서 금메달을 딴 것처럼 기뻐한다. 아이들이 이렇게 좋아하니까 만들어야 하는 교구가 항상 늘어만 갔다.

대부분의 수업은 놀이가 접목된 수업이다. 아이들의 호기심을 자극하고 아이들이 흥미 있는 수업을 하기 위해 노력했다. 마땅히 그것은 선생님이 할 일이다. 아이들이 재미있어하면 그 수업은 성공이다. 나는 늘 그렇게 생각했다. 그리고 이렇게 놀이 학습을 하다 보면 아이들이 영어로 표현하는 것을 좀 더 편하게 한다. 또 아이들은 영어에 대한 자신감도 키워가는 것 같았다. 아이들은 공을 잘 찾아서 기분이 좋아서 큰 소리로 말을 한다. 스포츠는 액션을 하면서 배워도 좋다. 스포츠 하는 동작을 취하면 스포츠 이름을 말하면 된다. 처음엔 아이들과 선생님이랑 해보고 나중에는 아이들을 시킨다. 두 명이 나와서 서로 문제를 내고 맞추면서 문장을 표현한다. 액션으로 하는 표현은 남자아이들이 재미있게 한다. 수업 시간에 웃음이 끊이지를 않는다. 여자아이들은 조금 부끄러워하기도 한다.

손을 들어서 하고 싶은 아이들을 시켜주기도 한다. 하지만 성격이 조용한 아이들도 앞으로 나와서 게임을 하면 더 활발해진다. 놀이로 하는 영어 시간은 아이들 성격도 개선시켜 주는 것 같기도 했다.

아이들이 스포츠 이름에 익숙해지면 글자와 매칭을 시켜서 게임을 하기도 했다. 해당하는 스포츠에 맞게 찾아서 만들었던 공을 붙이기도 했다. 이미 게임을 하면서 스포츠 이름을 말하는 연습을 했다. 그래서 아이들은 글자와 매칭시키는 것도 덜 어색하고 거부감이 적다.

엄마들은 아이를 가르치려고만 했지 놀면서 하려고는 하지 않는 것 같다. 물론 잘하고 있는 엄마 아빠도 많이 있다. 그런데 어쩌면 놀아주는 것이 더 어려운 일인지도 모른다. 아이에게 앉아서 책을 읽게 하고 숙제 내주고 검사하는 일보다 말이다. 어디까지 읽고 어디까지 했는지 검사만 하면 되기 때문이다.

학부모들은 아이하고 어떻게 재미있게 놀아줘야 하는지 어렵다고 말했다. 재미있게 놀아줘야 한다고 생각하니까 어렵다. 그냥 놀아주면 되는 건데 말이다. 아이는 부모가 같이 자기와 함께 놀아주는 것 자체를 행복으로 느낀다. 다만 부모가 힘들다고 하는 경우가 더 많기 때문에 더 어려운 일이다.

파닉스(phonics)의 경우가 정말 아이들이 어렵게 느끼는 수업이다. 그리고 조금 지루하다. 글자의 음가를 배우고 외워야 한다. 그래서 재미가 없게 느끼는 것이다. 나 역시도 아이들과 파닉스 수업을 할 때면 더 고민을 많이 했다.

교구 수업을 병행하기도 했지만, 영상으로 아이들에게 들려주기도 했다. 알파벳 글자들이 나와서 자기의 목소리를 내는 것이었다. 알파벳이 줄을 서 있다가 하나씩 나와서 자기 이름과 자신이 내는 소리를 알려주었다. 목소리도 재미있게 바꿔서 계속 이야기하며 노래를 했다.

아이들은 파닉스를 배우고 있다고 생각하지 않았다. 한편의 공연을 보는 것처럼 파닉스 영상을 보았다. 아이들은 영상이 끝나면 다시 틀어주라고 애원했다. 남자아이들도 "Please~."하고 애원을 했다. 나는 아이들의 소원을 들어주었다. 공부를 더 하고 싶다는데 못 틀어줄 이유가 없었다. 들을수록 아이들은 자동으로 그 소리를 기억할 테니까 말이다.

요즘은 인터넷을 활용하면 유익한 사이트가 많이 있다. 예전부터 유명해서 알고 있는 엄마들은 이미 활용하고 있을 것이다. 아이와 함께 www.starfall.com을 이용해서 배울 수 있을 것이다.

아이들과 사이트 워드(sight word)를 배울 때도 파닉스처럼 외워야 하는 부담이 있다. 당연히 영어 동화책을 많이 읽다 보면 자연스럽게 익힐 수 있다. 하지만 책을 통해서만 배우기에는 힘이 들 수 있다. 사이트 워드는 우리가 자주 보고 쓰는 단어이다. 파닉스 규칙에도 따르지 않는 것들이 있다. 그래서 통째로 외워야 한다. 예를 들자면 we, very, am, it 등등 많이 있다. 꾸준히 자주 보게 해주고 반복하면 자연스럽게 익힐 수 있다.

사이트 워드를 참고해서 놀이에 활용해도 좋다. 사이트 워드는 이외에도 많이 있다.

a	see	me	up	my
and	not	for	is	are
we	to	in	make	of
it	can	you	very	this
am	i	the	said	that

사이트 워드를 쉽게 배우는 방법은 여러 가지가 있다. 그중에서 아이와 함께 주사위를 가지고 게임을 하면 즐겁게 배울 수 있다. 주사위를 준비하고 커다란 종이에 칸을 만든다. 그리고 그 칸 속에 사이트 워드를 써놓는다. 주사위를 굴려서 숫자만큼 이동하면 그 자리에 본인의 말을 놓으면 된다. 시작점과 끝점을 만들어서 게임을 하면 좋다. 먼저 마지막 지

점에 도착하면 이기는 게임이다. 간단하고 쉽다. 아이들과 함께 사이트 워드를 즐겁게 반복하면서 배울 수 있다.

　가르치지 말고 영어를 즐거운 놀이로 하자. 그러면 할 수 있는 것이 무궁무진하다. 학습의 바탕에는 항상 즐거움이 있어야 한다. 특히 유아기의 아이들은 더욱더 그렇다. 부모는 아이에게 가르칠 때 조급하게 생각하지 말고 천천히 하자. 그리고 재미있는 시간을 만들자. 아이들에게 흥미를 갖도록 해주는 부모가 이 시기에는 최고의 부모이자 놀이 친구이다.

일상에서 말해봐요 : 놀이터에서

Kid : Mommy, I want to play on the playground.

엄마, 놀이터에 가고 싶어요.

Mom : Okay! Let's go out together. 좋아. 같이 가자.

Do you want to play on the slide? 미끄럼틀 타고 싶어?

Kid : Yes, I do. 네. 타고 싶어요.

Mom : You have to wait for your turn. 네 차례를 기다려야지.

05

무조건 놀다 보면 말문이 트인다

"I knew you could do it! 해낼 줄 알았어!"

아이가 말이 느려서 애를 태우는 엄마들이 있다. 또래 아이들과 비교해 유독 말이 더 느린 아이들이 있다. 내가 아는 지인도 아들이 또래 아이들보다 말이 느려서 걱정했다. 하지만 시간이 지나니 말을 너무 잘해서 귀가 아플 지경이었다. 신기하기도 했다. 언제 말을 잘하려나 했다. 말이 늦게 트이는 것은 걱정할 것이 아니었다. 우리말을 배울 때도 이런 걱정을 한다. 하물며 외국어는 더 속이 타고 애가 탈 것이다. 당연히 외국어인데 쉬울 리가 없다.

걱정과 달리 외국어 역시 시간이 지나면 말문이 트인다. 꾸준한 학습이 이루어지면 유창한 실력도 기대할 수 있다. 그런데 아이가 말문이 트인다는 것은 영어를 유창하게 한다는 것은 아니다. 그야말로 유아 수준의 말문이 트인다는 것이다. 아이가 우리말을 할 때 어른들처럼 유창하게 하지는 않는 것처럼 말이다.

아이의 말문을 트이게 하는 가장 좋은 방법은 놀이를 통한 방법이다. 아이들은 놀다 보면 서로 친해진다. 어른들보다 더 빨리 친구와 친해지는 방법을 안다. 신기하게 아이들은 놀 때 더 편하게 말한다. 공부처럼 하지 않고 놀면서 하면 재미를 느끼기 때문이다.

말을 많이 하면 당연히 말문이 더 빨리 트인다. 자신도 모르는 사이에 놀다가 표현이 되는 것이다. 4세 아이들은 말을 배우는 시기이다. 그리고 모국어도 미완성 단계이다. 하지만 선물이 있고 보상이 있으면 또 이야기는 달라진다. 얌전하고 조용한 아이도 대답을 잘하게 된다. 스티커는 아이의 말문을 트이게 하는 강력한 도구이다.

아이들의 적극적인 참여를 유도하는 방법을 잘 사용하면 도움이 된다. 선물을 싫어하는 사람은 없다. 아이들은 특히 더 선물을 좋아한다. 그래서 아이들은 생일과 크리스마스를 그렇게 기다리는 것 같다.

5세 반 아이 중에서 말이 유독 없는 아이가 있었다. 남자아이였다. 조용한 성격의 아이였다. 그래도 영어 시간은 항상 노래와 율동 게임이 있었다. 그래서 아이들은 활동적으로 잘 참여했다. 조용한 그 친구는 약간은 소극적으로 참여하는 편이었다. 다른 아이들도 모두 그 친구를 조용한 친구라고 생각하고 있었다.

아무래도 적극적인 아이들을 먼저 시키고 조용한 친구는 더 늦게 시키기도 했다. 조용했던 친구가 게임에 잘 참여하면 아이들도 박수를 보내주었다. 같은 반 아이들도 멋지다. 사실은 내가 박수를 쳐주라고 말을 하긴 했지만, 진심으로 박수를 보내주었다. 그 아이는 멋쩍어서 머리를 긁적이며 자리로 돌아갔다. 학기 초에는 정말 조용했는데 학기가 끝날 무렵은 많이 활발해졌다.

아이들과 1년 동안 수업을 하면 아이들이 성장하는 것과 발전하는 모습이 보였다. 처음에 만났을 때는 어색해 게임을 할 때도 조심스럽게 했다. 하지만 연말이 되면 나를 거의 친구처럼 생각하는 아이들도 있다. 내키가 작아서 그럴 수도 있다. 내 영어 이름을 부르며 인사하고 편하게 질문도 했다. 영어 선생님은 손도 왜 이렇게 작냐고 하기도 했다. 수업하고 상관없는 아이들의 질문은 쏟아졌다. 인기가 많으면 피곤하다는 말을 알수 있었다.

내 영어 이름은 'Nana'였다. 이름도 아이들이 부르기에 너무 쉬운 이름이다. 무슨 인형 이름 같기도 하다. 조금 유치하기도 하고 말이다. 저 멀리서 아이들이 내 이름을 부르는 소리가 들리는 것 같기도 하다. "Nana~, Hello~."

아이들이 우리말을 배워서 말하고 읽고 쓰는데 걸리는 시간은 상당히 오래 걸린다. 물론 영재와 같은 아이들은 제외하고 말이다. 평범한 아이들은 초등학교 입학 전까지 열심히 한글을 배운다. 대부분 초등학교에 들어가기 전에 한글을 다 뗀다. 얼마나 오랜 시간이 걸렸는지 계산해 보면 알 것이다. 영어도 일찍 배우는 아이들은 돌이 지나면 배우기도 한다. 또 말을 하기 시작하면 배우는 아이도 있다. 하지만 외국어이기 때문에 걸리는 시간은 길고 힘이 든다. 더군다나 일상생활에서는 사용하지 않기 때문이다.

우리말인 한글도 이렇게 오래 걸렸는데 영어를 배우는데 너무 닦달하지는 말자. 영어를 좀 빨리 못하면 어떠한가. 큰 문제는 없다. 영어를 조금 못한다고 세상을 살아가기 힘든 것은 아니다. 우리가 어쩌면 영어를 잘해야만 성공한다고 믿고 자라왔기 때문일 것이다. 사실 영어를 잘하면 유리한 점은 있다. 무엇이든지 잘하면 좋은 기회를 잡을 수 있기는 하다.

아이들은 단어는 쉽게 잘 따라서 말한다. 그런데 문장은 더 어려워한다. 글자가 많고 길어지기 때문에 어쩌면 당연한 일이다. 아이들이 배우는 문장은 그렇게 길지 않다. 하지만 아이들에게는 엄청나게 긴 문장이다. 더군다나 외국어이기 때문이다.

우리 아들은 어렸을 때 끝말잇기 게임을 좋아했다. 한글도 끝말잇기를 해서 단어를 엄청나게 연습했던 것 같다. 내가 하자고 했다면 싫어했을 텐데 본인이 좋아했다. 사실은 내가 지겨웠다. 단어를 계속해서 말하는 것이 나에게는 너무 재미가 없었다. 하지만 나는 아들보다 더 재미있게 연기를 하면서 놀아주었다. 우리 아들은 끝말잇기를 제법 잘했다. 아마 대회가 있었으면 한번 나가도 될 정도로 좋아했다. 집에서도 끝말잇기를 하자고 졸라댔다. 차를 타고 가기만 하면 차 안에서도 끝말잇기를 하자고 했다. 정말 끝말잇기를 시도 때도 없이 하자고 했다. 내가 하기 싫다고 하면 실망할 것 같았다. 나는 아이의 사기를 꺾고 싶지 않았다.

나는 영어 단어도 끝말잇기처럼 하면 되겠다 싶었다. 아는 단어를 최대한 말을 해보게 하는 것이었다. 한글보다는 정보량이 너무 적어서 길게는 할 수 없었지만 나름 끝말잇기를 할 수 있었다. 영어 단어는 끝말잇기라기보다는 주제를 정해서 했다. 과일 이름 이어서 말하기라든지, 동물 이름을 이어서 말하기를 했다. 이런 식으로 하다 보니 아이는 알고 있는 영어 단어를 좀 더 자신감 있게 말했다. 나는 이 정도로도 잘하고 있다고 생각했다.

우리 조카는 어려서부터 영어 공부를 열심히 했다. 영어 유치원에 다니기도 했고, 초등학교 때에도 꾸준히 원어민이 가르치는 학원에 다녔다. 지금은 중학생이 되었다. 꾸준히 공부해서 기독교 외국인 학교에 다니고 있다. 모든 수업은 영어로 한다고 했다. 잘 적응하고 있다고 했다. 꾸준히 열심히 하더니 잘하고 있었다. 영어를 좋아하는 아이였다. 하지만 영어 학원에 다니고 원어민과 공부해야만 영어를 잘할 수 있는 것은 아니다. 우리는 그렇지 않은 경우를 많이 보았다. 원하는 것이 무엇이든지 배울 때는 시간이 걸린다. 그만큼의 시간을 투자해야 한다. 아무런 투자를 하지 않고서는 좋은 결과를 기대할 수 없다.

당연히 우리는 아이가 배울 수 있도록 해주어야 한다. 비싼 학원을 보내야만 아이가 잘하는 것은 아니다. 얼마든지 엄마가 아이를 가르쳐줄 수 있다. 아직은 어려운 단계를 배우는 것이 아니다. 그래서 가능하다. 겁낼 것은 없다. 걱정할 것도 없다.

엄마의 정보력을 동원해서 아이와 공부하다 보면 점점 발전하는 모습을 볼 수 있을 것이다. 또 함께 놀면서 하는 놀이 학습도 병행하면 아이도 즐겁게 할 수 있을 것이다. 말문이 트이는 것은 시간문제다. 지금 당장 몇 마디 하는 옆집 아이나 아랫집 아이를 부러워할 필요는 없다. 그 아이는 지금 몇 마디 하는 것뿐이다. 그리고 그 몇 마디가 대단해 보이는 것뿐이다.

아이가 평소에 말을 많이 할 수 있는 상황을 만들어주자. 그리고 아이가 그 상황에서 즐겁게 놀면서 배울 수 있도록 해주자. 그러면 시간이 흐를 것이고 자연스럽게 말문도 트일 것이다. 몇 마디 하는 이웃집 아이들처럼 우리 아이도 그 정도는 금방 할 수 있다. 아니 그 아이들보다 몇 마디 더 잘할 수도 있다. 아이들의 잠재력은 대단하다. 한번 폭발하면 어마어마해서 상상 그 이상이다. 말 잘하는 아이를 만드는 것은 결국 아이 스스로 할 수 있다. 우리는 뒤에도 밀어주고 이끌어주자. 곧 귀가 아플지도 모른다.

일상에서 말해봐요 : 날씨 표현

Mom : How is the weather today? 오늘 날씨 어때?

Kid : It is rainy today. 오늘 비가 와요.

Mom : You need to take a umbrella. 우산 챙겨 가야겠다.

Kid : Yes, mom. 네, 엄마.

  Where is my umbrella? 내 우산 어디 있어요?

Mom : Here it is. 여기 있어.

06

잘 노는 아이가 행복한 아이로 자란다

"You're such a good boy! 기특하구나!"

날씨가 좋은 날은 집에만 있기에는 너무 아깝다. 그래서 날씨가 좋으면 아이하고 밖에 나가서 놀고 오기도 한다. 눈이 오는 날은 아이하고 나가서 눈사람도 만들고 눈싸움도 하고 놀기도 한다. 눈썰매를 타기도 하고 아이스 스케이트를 타러 가기도 한다. 밖에서 돌아오면 따뜻한 코코아도 한잔씩 마시고 얼마나 좋은가. 아이에게 행복한 추억을 선물하는 것은 커다란 장난감이 아니고 바로 이런 것이다. 장난감은 고장 나고 망가지면 그만이다. 하지만 추억은 고장 나지도 망가지지도 않는다.

나는 우리 아이가 어렸을 때 시간이 나는 대로 놀아주려고 노력했다. 주말이면 아이와 함께 캠핑도 갔다. 산에 가기도 했다. 놀이공원도 가고 박물관에도 갔다. 아이에게 다양한 경험을 해보게 하고 싶었다.

한편으로 아이가 빨리 컸으면 좋겠다는 생각도 했다. 손도 많이 가고 너무 어려서 함께 할 수 있는 것들이 적다고 생각했다. 그런데 아이가 점점 크니 엄마보다 더 좋아하는 것들이 많이 생겼다. 나의 손을 떠나기 시작했다. 어릴 때는 챙겨줘야 하는 것들이 많았는데, 이제는 스스로 할 수 있는 것이 많아지기 시작했다. 좋은 것 같긴 한데 어딘지 모르게 조금은 아쉬운 마음도 든다. 솔직히 나는 아이에게 공부하라는 말은 잘 하지 않았다. 어릴 때는 잘 노는 것이 최고라는 생각이었다. 남편 역시도 아이에게 강요하는 것은 없었다. 남편과 나는 서로 비슷한 생각을 하고 있었다. 그래서 아이 교육 문제로 서로 부딪치는 일이 없었다.

책을 읽고 싶으면 읽고, TV를 보고 싶으면 그렇게 하라고 했다. 장난감을 가지고 놀고 싶다고 하면 그렇게 하라고 했다. 아이에게 자유를 주는 것도 중요하다고 생각했다. 한편으로 아이에게 자유를 주면 나에게도 자유가 생겼다. 이맘때는 엄마도 아이들처럼 자유를 갈망한다. 나도 그랬으니까 그 마음을 안다.

우아하게 차 한잔 마시면서 좋아하는 음악도 듣고, 읽고 싶은 책도 보는 그런 마음 말이다. 하지만 환상은 금방 깨진다. 물을 엎지르지를 않나, 화장실에서 부르지를 않나 상상은 상상으로 끝날 때가 많았다.

우리는 우리 아이들을 세상 누구보다도 사랑한다. 오직 아이가 잘 자라고 행복하기만을 바란다. 공부도 잘하면 물론 더 좋지만 이 시기에는 부모의 사랑만이 필요하다. 부모의 사랑만 있으면 아무것도 필요 없다.

잘 먹고 잘 자고 잘 크기만 하면 된다. 너무 아이에게 모든 것을 잘해야 한다는 부담은 주지 말자. 웅변도 잘해야 하고, 태권도도 잘해야 하고, 피아노도 잘 쳐야 한다는 무서운 말은 하지 말자. 아이가 좋아하면 상관없지만 그게 아니라면 너무나도 잔인한 일이다.

우리 아들 친구 중에서는 학원을 많이 다니는 아이가 있었다. 저녁까지도 학원에 가서 늦게 왔다. 아이는 엄마 말을 잘 들으며 학원에 잘 다녔다. 하지만 아들에게 들어보니 학원에 가기 싫은데 엄마가 가라고 하니까 간다고 했다.

친구들과 더 놀고 싶은데 엄마의 말을 어기고 싶지 않아서 그런 것 같았다. 너무나도 착한 아이였다. 엄마를 너무 사랑해서 자신을 포기하는 너무나도 짠한 아이였다. 이런 아이들은 의외로 많았다. 엄마를 너무 사랑해서 문제다. 나는 학원도 강요하지 않았다. 가고 싶은 학원이 있으면 말하고, 다니기 싫으면 다니지 말라고 했으니까 말이다. 아이를 너무 막

키운다고 생각할지 모르겠지만 나는 그것이 아이를 위하는 일이라고 생각했다. 그 생각은 지금도 마찬가지다.

아이들 영어를 가르치는 영어 선생님이니까 아이도 영어를 잘할 것이라는 생각은 제발 하지 말자. 나는 아이를 어린이집에서 만났다. 스승과 제자로. 집에 오면 엄마와 아들이다. 아이에게 강요하지는 않았다. 집에서는 자연스럽게 아이와 놀면서 게임을 했을 뿐이다.

열정적인 엄마들처럼 아이를 가르치지는 않았다. 영어책을 시리즈로 사서 아이에게 공부시키지도 않았다. 좋은 책이 있으면 한두 권씩 샀고, 선물을 받기도 했다. 도서관에 가서 읽어주기도 했다. 자연스럽게 편한 마음으로 아이가 배우기를 원했다.

어린이집에서 하는 수업도 충분하다고 생각했다. 집에 와서는 놀면서 하는 놀이 위주로 함께했다. 물론 더 많은 것을 배우기를 원하는 엄마는 턱없이 부족한 학습량이라고 여긴다. 부모의 교육관은 모두 다르다. 그래서 각자의 환경에 맞추어서 하면 된다.

아이가 어떻게 하면 공부를 잘할 수 있을까 고민하는 엄마는 많다. 하지만 어떻게 하면 우리 아이가 재미있게 놀 수 있을까를 고민하는 엄마가 있을지도 궁금하다. 이 두 가지가 적절하게 섞이면 최상의 방법이 나올 수도 있을 것 같다. 아이는 우리가 원하는 대로 크지 않는다. 말을 잘 듣다가도 내 자식이 아닌 것처럼 말을 안 들을 때도 온다. 누구에게나 온다는 그날이 오지 않기를 바랄 뿐이다. 조용히 넘어가기를 바랄 뿐이다. 다행히 나는 한 명이라서 한 번 겪으면 되지만, 여러 명이라면 몇 번 겪어야 할 것 같다. 미리 응원을 해주고 싶다. 힘내자고.

초등학교 가기 전 아이들은 아직 한글도 완벽하지 않은 경우가 많다. 아이들과 평소에 대화를 많이 나누는 아이들은 말을 잘한다. 자기의 생각도 더 잘 표현한다. 이야기를 하다 보면 아이가 좋아하는 것을 알 수 있다. 말하다 보면 자연스럽게 자기가 관심 있는 것을 말하기 때문이다.

대화를 많이 하면 서로 신뢰가 생기는 것 같았다. 이야기를 나눈 사람과 비밀이 생긴 것처럼 말이다. 우리 아들은 아빠가 퇴근하고 오기 전까지 나와 이야기를 많이 했다. 아빠한테는 비밀 이야기를 안 해준다면서 아빠를 궁금하게 만들었다. 사실 비밀 이야기 같은 것은 없었다. 그냥 엄마하고만 나눈 이야기를 비밀로 생각했다. 남편은 궁금해하지만 절대 비밀이니까 발설하지 않았다. 의리는 지켜줘야 진정한 비밀 친구가 된다.

나는 아이와 좋은 관계로 유아기를 보낸 것 같다. 다시 그때로 돌아간다고 해도 예전처럼 지내고 싶다. 아주 평범하지만 행복했기 때문에 그대로 다시 보낼 것 같다. 아이도 그렇게 말할지는 모르겠다. 이것은 나의 생각이니까.

아이와 놀 수 있을 때 많이 놀아주는 것이 최고의 부모의 역할을 하는 것 같다. 이 시기는 다시는 오지 않는다. 누구나 시간을 되돌릴 수는 없다. 다시 오지는 않을 시간을 혼내고 강요하며 보내고 싶은 사람은 없을 것이다. 물론 이 시기에 배우는 학습 역시 중요하다. 배우는 것을 하지 말라는 것은 아니다. 단어 몇 개를 더 아는 것이 중요한 것은 아니라는 것이다. 너무 한쪽으로 치우치지는 말자는 것이다. 무엇이 더 중요한지는 부모가 잘 판단해야 한다.

아무런 걱정도 없고 불안함도 없는 시기가 이 초등 이전의 시기다. 마냥 놀기만 해도 좋은 때다. 시험을 보는 일도 없다. 어린이집에 가서 선생님 말씀만 잘 들으면 세상에서 제일 착한 어린이다. 친구들과 사이좋게 지내면 세상에서 제일 멋진 어린이다.

순수하고 착한 우리 아이들을 마음껏 뛰어놀게 해주자. 잘 노는 아이가 행복한 아이로 자란다고 생각한다. 무조건 아이를 방목하는 것은 아니지만 아이에게 자유를 주자. 그리고 아이가 그 속에서 즐거움을 누리게 해주자. 행복은 멀리 있는 것도 아니고 어려운 것도 아니다. 행복을 너무 어렵게 생각하지 말자. 아이는 엄마 아빠와 함께 있는 것 자체가 늘 행복이라고 생각할 것이다. 우리 아이는 어릴 때 편지에 항상 이렇게 썼다. '엄마 아빠 행복하게 오래오래 사세요.'라고 말이다. 아이의 편지에는 항상 '행복'이란 단어가 들어 있었다.

일상에서 말해봐요 : 시간을 물어볼 때

Mom : What time is it now? 지금 몇 시야?

Kid : It is seven o'clock. 7시에요.

Mom : What time do you get up in the morning?

아침에 몇 시에 일어나?

Kid : I get up at eight o'clock. 나는 8시에 일어나요.

07

집이야말로 아이들의 가장 편안한 놀이터다

"You look nice! 멋지다!"

우리 가족은 함께 비행기를 타고 해외에 여행을 갔다. 너무나도 멋진 풍경과 맛있는 음식들이 있었다. 날씨도 너무 따뜻해서 좋았다. 수영장에서는 마음껏 수영을 즐길 수 있었다. 호텔도 너무 깨끗하고 깔끔했다. 바닷가에서는 서핑보드를 타면서 놀 수도 있었다. 현실로 돌아가기 싫은 그런 마음이었다. 여행을 가면 항상 시간이 금방 가는 것처럼 느껴졌다.

여행에서 돌아오면 너무나도 피곤하다. 다들 공감할 것이다. 놀 때는 신났지만 돌아오면 피곤하다. 여행이란 원래 그런 것 같다. 그래도 늘 다시 가고 싶어지는 것이 여행이다. 그런데 신기한 것은 집에 오면 그렇게 편할 수가 없다. 호텔에 비하면 누추하기 그지없지만 너무나도 편하다.

잠도 솔솔 잘 오고 모든 것이 편안하게 느껴진다. 집이란 곳이 그런 것 같다.

온종일 일하고 돌아와도 집이 가장 편안한 장소인 것 같다. 아이들도 온종일 어린이집에 다녀와서 집에 오면 비슷한 느낌일 것이다. 집에 오면 가장 편안한 차림으로 돌아다닐 수도 있다. 마음대로 누워서 있다가 왔다 갔다 해도 눈치 볼 필요도 없다. 역시 집은 가장 편안한 곳이다.

우리 가족은 놀이동산에 간 적이 있었다. 그곳에는 엄청나게 많은 사람들과 놀이기구들이 우리를 기다리고 있었다. 아이가 놀 만한 놀이기구를 골라서 타기도 했다. 놀이동산의 스케일은 대단했다. 동네 놀이터하고는 게임이 되지 않았다. 우리 아들은 눈이 휘둥그레졌다. 그리고 '우와'만 계속 외쳤다. "우와~." 아이가 어려서 탈 수 있는 놀이기구가 적었다. 하지만 거대한 놀이동산을 잘 구경하고 왔다고 생각했다. 집으로 오는 차 안에서도 계속 놀이동산 이야기를 했다. 아마 그날 제일 많이 했던 말은 '우와'였다.

역시나 집에 돌아오면 너무나 피곤했다. 아이는 금방 잠이 들었고, 남편과 나도 너무 피곤했다. 역시 집에 돌아오니까 너무 좋았다. 아이와 우리 가족은 너무 피곤해서 금방 잠이 들어버렸다.

한참 우리 아이가 어릴 때 '꼬마버스 타요' 애니메이션이 인기가 많았다. 그래서 타요버스를 모두 가지고 있었다. 그리고 '로봇캅 폴리'도 인기가 많았다. 폴리와 그 친구들도 모두 가지고 있었다. 남자아이라서 그런지 자동차를 더 좋아했다. 그 당시 아이들은 거의 모두 이 장난감을 가지고 있었다.

아이는 집에서 놀 때 항상 모든 자동차를 다 동원했다. 그리고 온 거실을 자동차 전시장으로 만들어놓았다. 폴리도 출동하고 타요버스도 가고 아주 교통 체증이 어마어마했다. 정말 즐겁게 놀이를 했다. 가끔은 이웃집 친구와 함께 놀기도 했다. 이웃집 아이가 가져온 자동차까지 합치면 정말 엄청났다. 그래서 장난감 자동차에는 항상 이름을 써놓았다. 바뀌면 큰일이 나기 때문이다. 똑같이 생겼어도 바뀌면 난리가 난다.

나는 간식을 준비해서 아이들에게 주었다. 아이들은 아이들끼리 놀고, 엄마들은 엄마들끼리 수다를 떨었다. 신나게 한바탕 놀고 각자 집으로 갔다. 놀고 난 장난감을 아이랑 같이 치우고 저녁 준비를 했다. 신기하게도 아이도 나도 전혀 피곤하지 않았다. 그렇게 몇 시간을 떠들고 놀았지만 피곤하지 않았다. 집에서 노는 장점이 이것이다. 아이들이 밖에 외출하려면 챙길 것이 많다. 물도 챙겨야지 옷도 입혀야지 간식도 챙겨야지 챙길 짐이 너무 많다.

비가 오는 날은 더욱이 밖에서 놀 수가 없다. 이런 날은 집에서 맛있는 간식을 먹으면서 놀면 최고다. 영화를 틀어놓고 봐도 좋아하고 뽀로로를 틀어줘도 좋아한다. 날마다 집에서만 놀면 지겹기는 하지만 집에서 노는 장점도 많다.

주말에 온 가족이 모이면 맛있는 간식을 준비해놓고 아들이 좋아하는 영화를 보기도 했다. 예전에 한번은 말이 주인공인 영화를 본 적이 있었다. 그런데 영화가 끝나갈 무렵 아이가 너무 슬프다며 울었다. 나는 우리 아들에게 그런 감성이 있다는 것에 깜짝 놀랐다. 아이와 한 번씩 영화를 보는 것도 너무 좋았다. 7살 남자아이가 말 영화를 보고 울 수도 있구나 하고 생각했다.

엄마와 아이가 가장 편안하게 놀 수 있는 곳은 놀이터도 아니고 놀이동산도 아니다. 바로 우리 집이다. 날마다 쉬기도 하고, 먹기도 하고, 자는 곳이 가장 편안한 곳이다. 나는 거실에서 아이랑 축구도 하고 야구도 하면서 놀기도 했다. 거실 창문으로 화살 쏘기도 하면서 놀기도 했다. 집에서 아이와 할 수 있는 놀이는 무제한이었다.

아이와 함께 눈을 가리고 찾는 놀이도 재미있게 했다. 한 사람은 눈가리개로 눈을 가리고 한 사람은 도망을 다니는 놀이였다. 도망 다니는 사람은 소리를 내지 않고 도망 다녀야 한다. 하지만 잘 못 찾으면 소리를 낼 수 있도록 했다. 또 박수를 칠 수 있었다. 내가 눈을 가리고 찾으러 다니면 나는 아들을 금방 찾았다. 아들은 계속 웃으면서 도망을 다녔다. 소리가 들려서 금방 찾을 수 있었다. 하지만 반대로 내가 도망 다닐 때는 나는 아주 조용히 도망 다녔다. 아이는 힌트를 주라고 계속 외쳤다. 그리고 열심히 찾으러 다녔다. 나는 새 소리도 냈다가 강아지 소리도 냈다가 고양이 소리도 냈다. 아이는 웃다가 찾다가 결국은 내가 잡혀 드렸다. 내가 스스로 가서 아이가 찾은 것처럼 했다. 그래도 너무 재미있었다. 집이 좁아서 다행이었다. 집이 좁아서 좋은 점도 있었다.

아이는 놀다가 피곤하면 누워서 쉬기도 하고, 간식도 먹다가 잠이 들기도 했다. 집은 아이에게나 엄마 아빠 모두에게 가장 편안한 쉼터이다. 그래서 밖에 있다가도 집에 가고 싶은 생각이 드는 것 같다.

우리 아들의 주특기는 훌라후프 돌리기였다. 나는 몇 개 돌리고 나면 훌라후프가 땅에 떨어지고 말았다. 내가 유일하게 아들보다 못하는 것은 훌라후프였다. 우리 아들은 훌라후프 돌리기 선수였다. 아니 꼬마가 훌라후프를 잘해도 너무 잘했다. 훌라후프가 점점 허리 아래로 내려가면 다시 위로 올렸다. 완전 새로운 기술이었다. 나는 따라 할 수도 없었다. 훌라후프를 너무 잘 돌려서 계속 숫자를 세어야 했다. 그리고 떨어질

듯 말 듯 계속 돌렸다. 조마조마해서 숫자 세기도 잘 안 되었다. 우리 아들은 아랑곳하지 않고 잘 돌렸다. 아들과 나는 집에서도 정말 재미있게 놀았다. 심심할 틈이 없었다. 아빠가 주말에 쉬는 날이면 거실은 거의 레슬링 경기장이 되었다. 아빠와 놀 때는 좀 더 과격하게 남자답게 놀았다. 거실에서 레슬링도 했다가 씨름도 했다. 거의 우리 아들이 일방적으로 당했다. 남편은 스포츠는 진지하게 해야 한다고 하면서 봐주지 않았다. 그런데 우리 아들도 땀을 뻘뻘 흘리며 아빠를 이기기 위해 노력했다. 나는 그날은 관중이었다. 누구를 응원해야 할지 정말 웃기는 상황이었다. 나는 당연히 아들을 응원했다.

아이가 목욕할 때도 재미있는 놀이를 했다. 우리는 머리를 감을 때 샴푸로 머리를 감기 전에 뿔 만들기 놀이도 했다. 아마 대부분 아이와 이렇게 놀이를 해보았을 것이다. 처음에는 뿔을 한 개 만들고 다음에는 두 개를 만들었다. 아이는 뿔 만들기 놀이를 너무 좋아했다. 아들과 나는 일명 도깨비 놀이라고 불렀다.

집은 아이에게 놀이터가 되었다가 영화관도 되었다. 또 운동 경기장도 되었다. 집은 또 도서관도 되었다가 목욕탕도 되었다. 마치 마술의 집처럼 아이가 놀고 싶으면 그 놀이의 장소로 변하는 것 같았다. 커다란 놀이동산에서 느낄 수 없는 것을 집에서는 느낄 수 있는 무언가가 있었다. 바로 편안함이었다. 세상에서 우리 아이가 가장 편안하게 놀 수 있는 곳은 바로 집이었다. 편안한 놀이터에서 우리 아이들과 많이 놀아주자. '우와' 소리를 자주 들을 수 있도록 말이다.

일상에서 말해봐요 : 생일파티에서

Mom : Today is your birthday. 오늘 네 생일이야

　　　Let's have a party. 파티하자.

Kid : Thank you mom. 엄마, 감사합니다.

Mom : Who do you invited? 누구 초대했어?

Kid : I invited my friends. 친구들을 초대했어요.

Mom : Blow out the candles. 촛불 꺼야지.

　　　Make a wish. 소원 빌어봐.

　　　Happy birthday! 생일 축하해!

엄마표 영어는 행복한 영어다!

내가 10년 전 가르쳤던 아이들은 지금은 중학생, 고등학생이 되었을 것이다. 아니 대학생이 되었을지도 모르겠다. 그때 그 아이들은 어디서 무엇을 하고 있을지 궁금하다. 아마도 훌륭하게 모두 잘 살고 있을 것이라고 믿는다. 영어를 가르치는 동안 나는 너무 행복하고 재미있게 보낸 것 같다. 나만 바라보고 내가 무슨 말을 하는지 귀를 쫑긋하고 듣던 아이들의 모습이 지금도 생생하다.

그동안 나는 아이들을 사랑하는 마음으로 수업을 했다. 그런데 한편으로 다시 생각해보니 아이들이 나를 많이 사랑해준 것 같다. 아이들의 사랑으로 그 시간 동안 일을 한 것 같다. 만약 지금 나의 제자를 만난다면 맛있는 돈가스라도 썰면서 추억을 이야기 나누고 싶다.

나도 엄마는 처음이었고 우리 아이도 내가 처음으로 만나는 엄마였다.

서로 모든 것이 서툴고 낯설었다. 조그만 아이가 다칠까 봐 모든 것을 조심조심했다. 아마도 모두가 비슷한 마음일 것이다. 아이에게 무언가를 가르친다는 것도 처음이었다. 더군다나 아이에게 영어를 가르치는 일은 더더욱 처음이었을 것이다. 아마도 이 책을 읽고 있는 독자라면 지금 시도하려고 할 수도 있고, 이미 하고 있는 독자도 있을 것이다. 원래 모든 일이 모르면 용감하고 할 수 있게 된다.

나는 내가 유아 영어 강사 시절 가르쳤던 노하우를 엄마표 영어를 꿈꾸는 독자들에게 알려주고 싶은 마음으로 이 책을 썼다. 너무 부담을 느낄 필요도 없고 너무 많은 것을 준비할 필요도 없다. 엄마의 행복한 열정만 준비하면 된다. 그냥 열정은 무섭지만 행복한 열정은 무섭지 않다. 그리고 부담도 없다. 일단 아이와 함께 한번 시도해보는 것이다. 잘하든 못하든 그것은 중요하지 않다. 내 아이와 이렇게 해보았다는 것이 중요한 것이다.

이 책을 통해서 무언가 엄청난 것을 배우겠다는 기대는 바라지 않는다. 다만 아이들이 나나선생님과 즐겁게 영어를 배웠구나 하고 공감해주기를 바라는 마음이다. 책 속에 있는 내용 중에서 집에서 활용할 수 있는 것은 직접 아이와 함께 해보면 좋겠다. 이 책이 엄마표 영어를 시작하려는 엄마들에게 도움이 된다면 너무 행복할 것 같다.

참여 수업 때 부끄러움을 무릅쓰고 참여해 주신 모든 엄마 아빠에게 이 책을 통해 감사드린다. 덕분에 즐거운 수업을 만들 수 있었다.

엄마표 영어를 통해 행복한 영어를 꿈꾸는 모든 엄마를 응원하고 싶다. 축복하고 감사드리고도 싶다. 행복한 열정을 가지고 모두 엄마표 영어를 만들어 나가길 진심으로 바란다.

엄마표 영어를 위한 영어 그림책 추천

1. 4~5세를 위한 그림책

『Brown Bear Brown Bear What do you see?』, Eric carle

『Goodnight moon』, Margaret Wise Brown

『Where is Spot?』, Eric Hill

『Spot Goes to the Farm』, Eric Hill

『SAFARI ANIMALS』, Simms Taback's

『Where is my frined?』, Simms Taback's

『Where is my house?』, Simms Taback's

『The BIG BIGGER BIGGEST』, SAMi

『Theses are My Feet』, Judy Horacek

『Theses are My Hands』, Judy Horacek

『COLOR ZOO』, Lois Ehlert

『PLEASE Don't Eat Me』, Roger De Muth

『We're OPPOSITES』, Harriet ziefert

『I Love Trucks!』, PHILEMON STURGES

『Hooray for fish』, Lucy Cousins

『Whose Baby Am I?』, John Butler

『YES』, Jez Alborough

『Dear Zoo』, Rod Campbell

『From Head to Toe』, Eric carle

『Willy the Dreamer』, Anthony Browne

『Dinosaurs Dinosaurs』, Byron Barton

『GO AWAY BIG GREEN MONSTER!』, Ed Emberley

『My Dad』, Anthony Browne

『My Mum』, Anthony Browne

2. 6~7세를 위한 그림책

『Today is Monday』, Eric carle

『Bunbun at bedtime』, Sharon Pierce McCullough

『Bear in sunshine』, Stella Blackstone

『Bear at home』, Stella Blackstone

『YOU AND ME』, Giovanni Manna

『I Wish I Were a Dog』, Lydia Monks

『Rex』, Ursula Dubosarsly

『MRS GOOSE'S BABY』, Charlotte Voake

『Spaceman Piggy Wiggy』, christyan and Fiane Fox

『My Grandpa is AMAZING』, Nick Butterworth

『MY Mom is FANTASTIC』, Nick Butterworth

『Where is the Green Sheep?』, Mem Fox